JN009132

土木・環境系コアテキストシリーズ E-3

改訂 交通計画学

金子 雄一郎・有村 幹治・石坂 哲宏
共著

コロナ社

土木・環境系コアテキストシリーズ
編集委員会

編集委員長

Ph.D.　日下部　治（東京工業大学）

〔C：地盤工学分野　担当〕

編　集　委　員

工学博士　依田　照彦（早稲田大学）

〔B：土木材料・構造工学分野　担当〕

工学博士　道奥　康治（神戸大学）

〔D：水工・水理学分野　担当〕

工学博士　小林　潔司（京都大学）

〔E：土木計画学・交通工学分野　担当〕

工学博士　山本　和夫（東京大学）

〔F：環境システム分野　担当〕

2011年3月現在

「改訂 交通計画学」執筆分担

金子雄一郎：1, 2章，3.1～3.3, 3.5節，4～7章，8.1～8.3, 8.5～8.7節，
　　　　　　9.4, 9.5節

有村　幹治：3.4節，10章

石坂　哲宏：8.4節，9.1～9.3節

刊行のことば

このたび，新たに土木・環境系の教科書シリーズを刊行することになった。シリーズ名称は，必要不可欠な内容を含む標準的な大学の教科書作りを目指すとの編集方針を表現する意図で「土木・環境系コアテキストシリーズ」とした。本シリーズの読者対象は，我が国の大学の学部生レベルを想定しているが，高等専門学校における土木・環境系の専門教育にも使用していただけるものとなっている。

本シリーズは，日本技術者教育認定機構（JABEE）の土木・環境系の認定基準を参考にして以下の6分野で構成され，学部教育カリキュラムを構成している科目をほぼ網羅できるように全29巻の刊行を予定している。

A分野：共通・基礎科目分野

B分野：土木材料・構造工学分野

C分野：地盤工学分野

D分野：水工・水理学分野

E分野：土木計画学・交通工学分野

F分野：環境システム分野

なお，今後，土木・環境分野の技術や教育体系の変化に伴うご要望などに応えて書目を追加する場合もある。

また，各教科書の構成内容および分量は，JABEE認定基準に沿って半期2単位，15週間の90分授業を想定し，自己学習支援のための演習問題も各章に配置している。

従来の土木系教科書シリーズの教科書構成と比較すると，本シリーズは，A

分野（共通・基礎科目分野）にJABEE認定基準にある技術者倫理や国際人英語等を加えて共通・基礎科目分野を充実させ，B分野（土木材料・構造工学分野），C分野（地盤工学分野），D分野（水工・水理学分野）の主要力学3分野の最近の学問的進展を反映させるとともに，地球環境時代に対応するためE分野（土木計画学・交通工学分野）およびF分野（環境システム分野）においては，社会システムも含めたシステム関連の新分野を大幅に充実させているのが特徴である。

科学技術分野の学問内容は，時代とともにつねに深化と拡大を遂げる。その深化と拡大する内容を，社会的要請を反映しつつ高等教育機関において一定期間内で効率的に教授するには，周期的に教育項目の取捨選択と教育順序の再構成，教育手法の改革が必要となり，それを可能とする良い教科書作りが必要となる。とは言え，教科書内容が短期間で変更を繰り返すことも教育現場を混乱させ望ましくはない。そこで本シリーズでは，各巻の基本となる内容はしっかりと押さえたうえで，将来的な方向性も見据えた執筆・編集方針とし，時流にあわせた発行を継続するため，教育・研究の第一線で現在活躍している新進気鋭の比較的若い先生方を執筆者としておもに選び，執筆をお願いしている。

「土木・環境系コアテキストシリーズ」が，多くの土木・環境系の学科で採用され，将来の社会基盤整備や環境にかかわる有為な人材育成に貢献できることを編集者一同願っている。

2011年2月

編集委員長　日下部 治

まえがき

交通とは人や物の空間的な移動である。交通計画の役割は，交通が直面しているさまざまな課題を解決し，将来にわたって安全，円滑，快適なサービスを提供できるよう，交通施設の整備・運用方策を示すことである。

近年のわが国は，人口減少化の進展や高齢社会の到来，厳しい財政状況など社会経済情勢が大きく変化し，また災害リスクも増大・顕在化している。したがって，国や地方自治体等においては，国民の安全・安心の確保と同時に，地域の活力を維持・向上させる交通計画の策定が求められている。本書はこのような時代背景を踏まえ，交通計画にかかわる基礎的知識を中心に説明するとともに，最新の動向についても適宜触れるように配慮している。

本書は 10 章から構成されている。1 章では，交通を取り巻く社会経済情勢を概観し，これまでの輸送動向や都市内および都市間の交通の特徴を示している。2 章では，交通計画の種類や計画の策定プロセスなどの基本事項を説明した後，上位計画である国土形成計画や社会資本整備重点計画を紹介している。

3 章および 4 章では，実際に交通計画を策定する上で不可欠な統計調査と需要予測について，詳しく解説している。このうち交通統計調査は，現状の把握はもとより，将来需要の予測においても重要な役割を持つものである。

5 章から 7 章では，道路，鉄道やバス等の都市内公共交通，高速道路や新幹線などの都市間交通の個別計画について，内容や手順などを紹介している。続く 8 章では交通と環境のかかわりについて，9 章では交通における安全・安心の確保について取り上げている。このうち 9 章では，最近重要性が高まっている自転車交通についても触れている。最後の 10 章では，ICT（情報通信技術）

の進展と交通のあり方について述べている。

本書では以上の内容について，学生諸子が将来，国や地方自治体，コンサルタント等において交通計画の業務に従事する際に，最低限知識として持っておいてほしい内容や方法を網羅するように心掛けた。また，交通計画は官公庁等の採用試験や種々の資格試験においても出題されており，これらの対策も念頭に置いた。本書がその一助となれば，筆者としてこの上ない喜びである。

最後に，本書の執筆にあたっては，筆者が学生時代に受けた授業の内容やその後のシンクタンクにおける実務経験，現在の大学での講義をベースとしている。これまでご指導をいただいた方々をはじめ，講義の受講生の皆さんに心より感謝申し上げます。また，本シリーズの編集委員の京都大学教授小林潔司先生には，原稿に対して有益なご指摘をいただきました。コロナ社の皆様には，刊行に至るまでたいへんお世話になりました。この場をお借りして厚く御礼申し上げます。

2012年8月

金子　雄一郎

改訂版にあたって

「交通計画学」の出版から早くも8年以上が経過した。幸いにも広く受け入れていただき，版を重ねることができたことは感謝にたえない。一方でその間，人口減少や高齢化の進行，巨大災害の切迫や気象災害の激甚化，地球環境問題，技術革新の進展など，わが国の国土や交通に係る状況は大きく変化しており，将来に向けて持続可能なモビリティの確保がきわめて重要な課題となっている。こうした背景から，「交通計画学」の内容も新たな時代に対応すべく大幅な更新が必要となり，今般，交通計画を専門としている2名の大学研究者に参加をいただき，全般にわたって改訂を行った次第である。

2021年3月

著者を代表して　金子　雄一郎

目　次

3章　交通の統計調査

4章　交通需要予測

5章　道 路 の 計 画

6章　公共交通の計画

7章　都市間の幹線交通計画

8章　交 通 と 環 境

9章　安全・安心な交通

10章　ICT と 交 通

1章 社会と交通の現状

◆本章のテーマ

本章では，わが国の社会と交通の現状に関し，まず，人口動態と経済動向について述べる。つぎに，都市圏内の交通と都市間交通について，既存の交通統計調査の結果を基にその特徴を述べる。さらに，交通社会資本の整備状況と今後の課題についても触れる。

◆本章の構成（キーワード）

1.1　社会経済動向
　人口減少，高齢化，GDP

1.2　旅客・貨物の輸送動向
　輸送人数，輸送人キロ，輸送トン数，輸送トンキロ

1.3　都市圏交通の現状
　総トリップ数，一人当りトリップ数

1.4　都市間交通の現状
　幹線交通

1.5　交通社会資本の整備状況
　事後保全型管理，予防保全型管理

◆本章を学ぶと以下の内容をマスターできます

☞　交通を取り巻く社会経済の動向

☞　都市圏交通，都市間交通の現状

1.1　社会経済動向[1)]

1.1.1　人　口　動　態

わが国の人口は，近年まで増加の一途をたどってきた。具体的には**図 1.1** に示したとおり，第二次世界大戦後の 1950（昭和 25）年に 8 411 万人であったのが，50 年後の 2000（平成 12）年には 1 億 2 693 万人まで増加した。しかし，2008（平成 20）年に減少に転じ，2050 年には 1 億 192 万人と 2008 年の約 8 割になると推計されている。このように，わが国はかつて経験したことがない人口減少社会を迎えている状況にある。

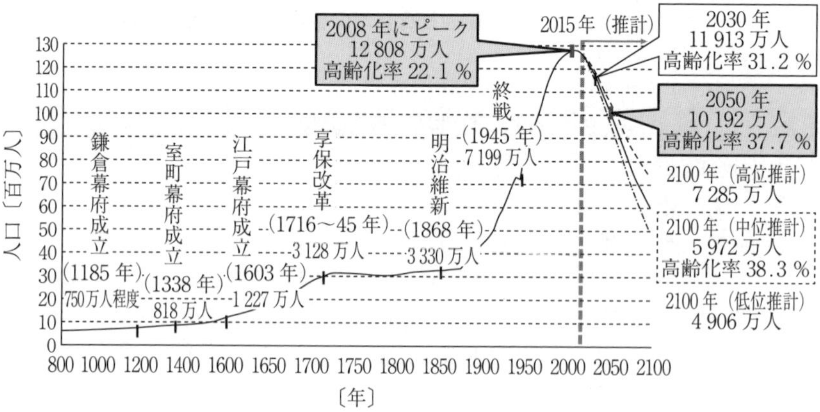

資料）1920 年までは，国土庁「日本列島における人口分布の長期時系列分析」（1974 年），1920 年からは，総務省「国勢調査」，「人口推計年報」，「平成 17 年及び 22 年国勢調査結果による補間補正人口」，2015 年からは国立社会保障・人口問題研究所「日本の将来推計人口（平成 29 年推計）」を基に作成。

図 1.1　日本の人口の超長期推計[2)]

人口については，規模だけでなくその構造，すなわち**世代構成**も変化している点に留意する必要がある。例えば，全人口の平均年齢は 1960（昭和 35）年に約 29 歳，1980 年に約 34 歳であったが，2008（平成 20）年時点では約 44 歳となっており，高齢化が急速に進展していることがわかる。

図 1.2 は，1920 年から 2035 年までの期間を対象に，**年少人口**（14 歳以下），**生産年齢人口**（15 歳以上 64 歳以下），**老年人口**（65 歳以上）の別に，三大都

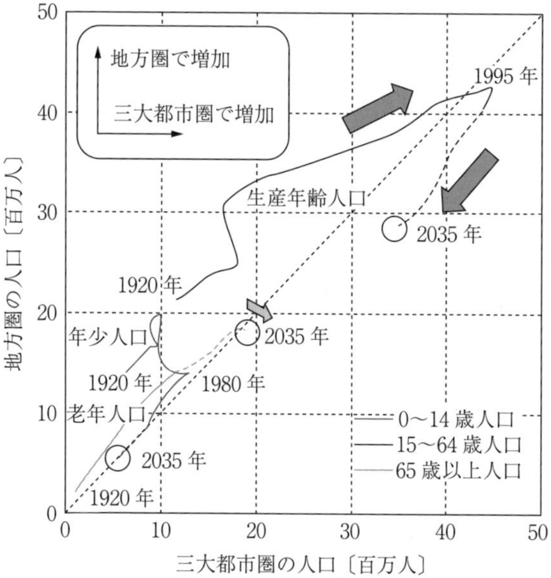

（注） 図は，年少人口，生産年齢人口，老年人口の別に，横軸に三大都市圏の人口，縦軸に地方圏の人口をとり，1920 年から 2035 年まで原則として 5 年ごとにその値を点でおき，それを線でつないだもの。例えば，右上に 45 度の角度で推移する場合，三大都市圏と地方圏で人口が同数増加していることになる。

資料） 国立社会保障・人口問題研究所「人口推計」より国土交通省が作成。

図 1.2　世代別人口の推移[1)]

市圏と地方圏の人口推移を示したものである。生産年齢人口は三大都市圏を中心に増加してきたが，1995(平成 7)年頃に減少に転じている。また，年少人口も，1980(昭和 55)年頃以降減少している。一方，老年人口は一貫して増加しており，2035 年頃には，三大都市圏に居住する高齢者が地方圏の居住する高齢者を上回ると推計されている。また，**図 1.3** は，都道府県別の高齢化率を示したものである。現在は地方圏を中心に高齢化率が高いものの，2035 年には東京都で 30.7 %となるなど，三大都市圏でも高齢化率は高くなると推計されている。

このように今後は，大都市圏においても**高齢化**が大きな問題になると想定されることから，交通計画策定の際にはこれらの点に留意する必要がある。

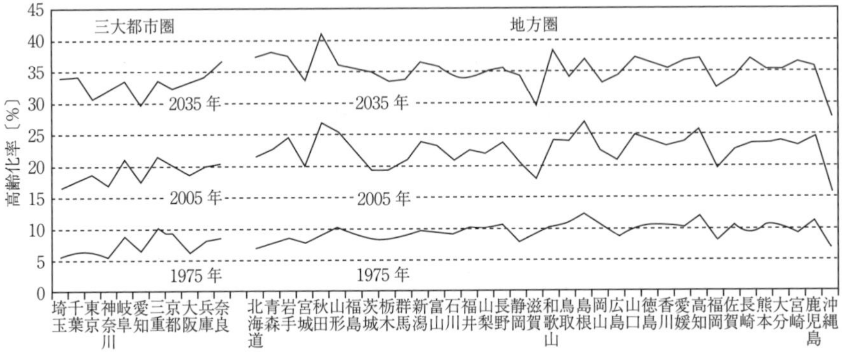

資料） 国立社会保障・人口問題研究所「人口統計資料集（2010）」より国土交通省が作成。

図 1.3 都道府県別の高齢化率[1)]

1.1.2 経 済 動 向

わが国の経済は，戦後の高度成長期を経て，現在では低成長期に入っている。**図 1.4** は，ここ 35 年間の **GDP**（gross domestic product：**国内総生産**）および成長率の推移を示したものであるが，1990 年代前半を境に成長率が低下に転じており，また，名目 GDP（実際に市場で取引されている価格に基づ

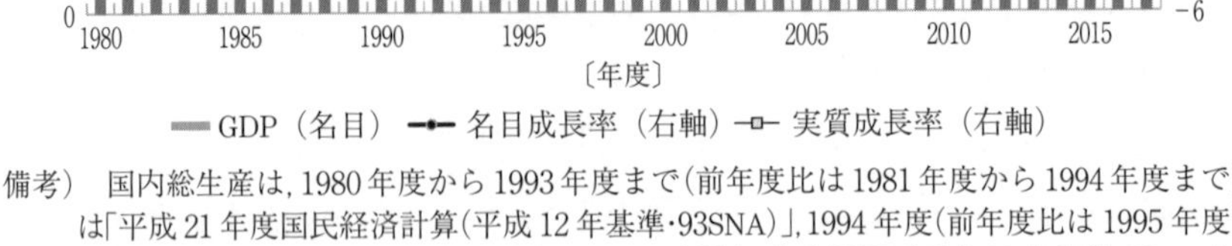

備考） 国内総生産は，1980 年度から 1993 年度まで（前年度比は 1981 年度から 1994 年度まで）は「平成 21 年度国民経済計算（平成 12 年基準・93SNA）」，1994 年度（前年度比は 1995 年度）以降は「平成 30 年 10-12 月期四半期別 GDP 速報（2 次速報値）（平成 23 年基準・08SNA）」による。なお，1993 年度以前の総額の数値については，異なる基準間の数値を接続するための処理を行っている。

資料） 内閣府「平成 28 年度年次経済財政報告，長期経済統計，国民経済計算（1/5）」および内閣府「国民経済計算（GDP 統計）」より国土交通省作成。

図 1.4 GDP および成長率の推移[3)]

いて推計された値）が実質 GDP（名目 GDP から，ある年からの物価の上昇・下落分を取り除いた値）を下回るなど基調が変化している。なお，わが国経済は，近年では 2008 年秋のリーマンショックや 2011 年の東日本大震災の影響を受けたものの，2012 年末に持ち直しに転じている。

一方，国民の豊かさを表す指標でもある一人当りの名目 GDP の推移を示したものが，**図 1.5** である。1990 年代後半以降は頭打ちとなっており，**経済協力開発機構**（Organization for Economic Cooperation and Development, **OECD**）諸国における順位も，1993（平成 5）年の 2 位から 2008（平成 20）年の 19 位へと低下している（2018 年は 20 位）。このような状況を踏まえ，今後わが国の持続的な成長に資する交通社会資本の整備と活用が重要な課題である。

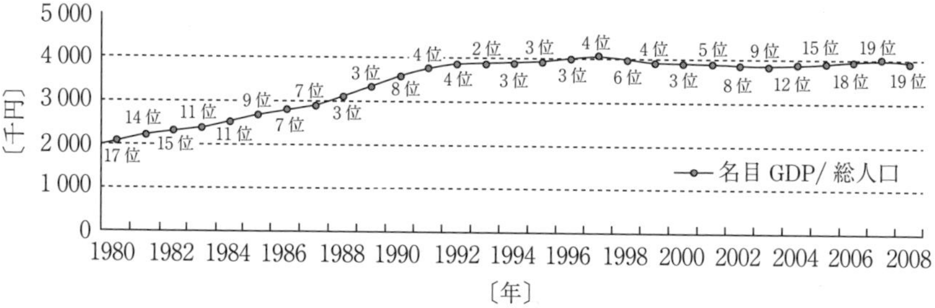

（注 1）　図に記された順位は，OECD 諸国における一人当りの名目 GDP の順位。
（注 2）　総人口は毎年 10 月 1 日現在。
資料）　内閣府「国民経済計算確報」，総務省「人口推計」より国土交通省が作成。

図 1.5　一人当りの名目 GDP の推移[1)]

1.2　旅客・貨物の輸送動向

1.2.1　輸　送　量

わが国の旅客輸送の動向については，**図 1.6** および**図 1.7** に示したとおり，輸送人数，輸送人キロとも乗用車等が最も多く，次いで鉄道となっている。航空は輸送人数ベースでは少ないものの，おもに長距離の移動を担っていることから，輸送人キロベースではバスと並ぶ水準となっている。バスの輸送人数および輸送人キロは長期的に低下していたが，近年ではやや下げ止まりの傾向が

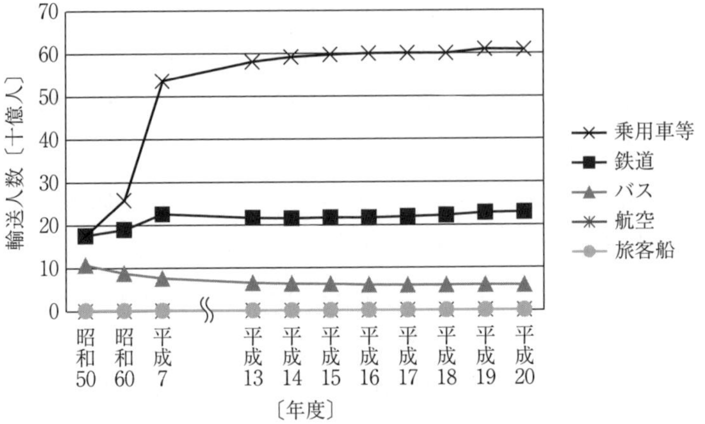

（注1）　航空および旅客船の輸送量は定期・不定期計である。
（注2）　鉄道のうち，JRの昭和61年度までは国鉄の数値である。
（注3）　昭和62年度以降の乗用車等の数値は軽自動車および貨物自動車による輸送を含む。
出典：国土交通省編：平成21年度 国土交通白書 参考資料編を基に作成。

図1.6　輸送機関別の国内旅客輸送量（輸送人数）

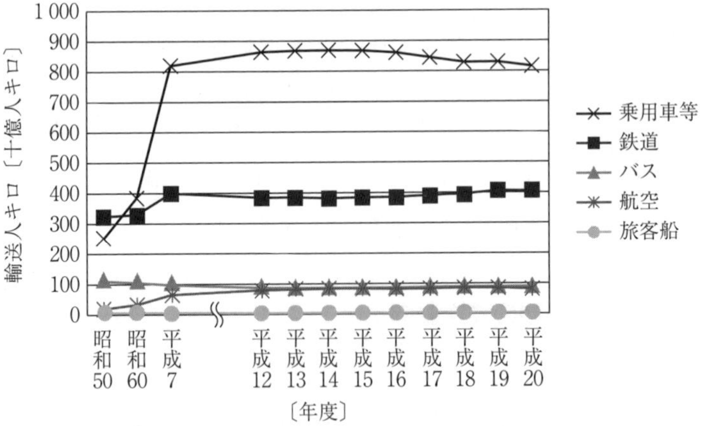

（注1）　航空および旅客船の輸送量は定期・不定期計である。
（注2）　鉄道のうち，JRの昭和61年度までは国鉄の数値である。
（注3）　昭和62年度以降の乗用車等の数値は軽自動車および貨物自動車による輸送を含む。
出典：国土交通省編：平成21年度 国土交通白書 参考資料編を基に作成。

図1.7　輸送機関別の国内旅客輸送量（輸送人キロ）

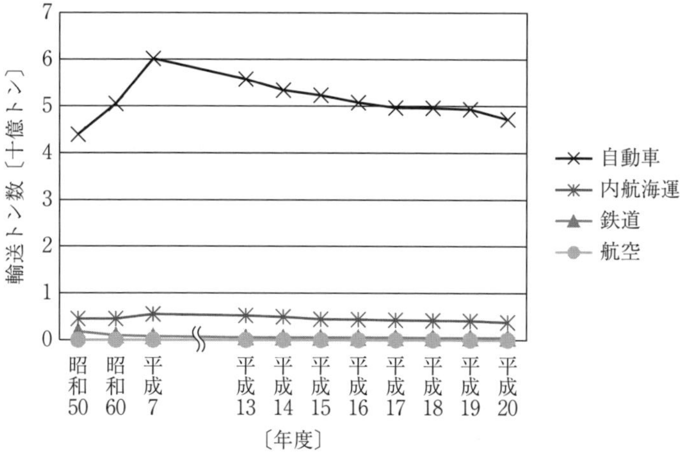

（注1）　航空は，定期航空運送事業および不定期航空運送事業に係る輸送の合計である。
（注2）　鉄道のうち，JRの昭和61年度までは国鉄の数値である。
（注3）　昭和62年度以降の自動車の数値は軽自動車による輸送を含む。
出典：国土交通省編：平成21年度 国土交通白書 参考資料編を基に作成。

図1.8　輸送機関別の国内貨物輸送量（輸送トン数）

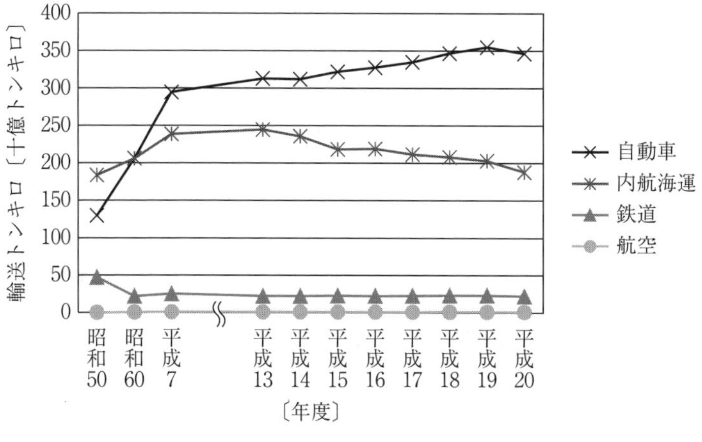

（注1）　航空は，定期航空運送事業および不定期航空運送事業に係る輸送の合計である。
（注2）　鉄道のうち，JRの昭和61年度までは国鉄の数値である。
（注3）　昭和62年度以降の自動車の数値は軽自動車による輸送を含む。
出典：国土交通省編：平成21年度 国土交通白書 参考資料編を基に作成。

図1.9　輸送機関別の国内貨物輸送量（輸送トンキロ）

見られる。なお，平成22年度以降の統計では乗用車等に自家用車による輸送が含まれないため，時系列での比較はできない。そのため本書では掲載していない。

一方，貨物輸送の動向については，**図1.8**および**図1.9**に示したとおり，輸送トン数ベースでは自動車が大半を占めており，輸送トンキロベースでは内航海運の分担率が高くなっている。

1.2.2 輸送構造

わが国の旅客輸送の輸送機関別分担率の推移を，**表1.1**に示す。人キロベー

表1.1 国内旅客輸送の輸送機関別分担率〔%〕の推移（人キロ）[1)]

年度	鉄道	バス	乗用車等	航空	旅客船
1989	29.1	8.6	58.1	3.7	0.5
1994	29.1	7.3	58.6	4.5	0.4
1999	27.0	6.2	60.9	5.6	0.3
2004	27.2	6.1	60.7	5.8	0.3
2005	27.7	6.2	59.9	5.9	0.3
2006	28.3	6.3	59.1	6.1	0.3
2007	28.7	6.3	58.8	6.0	0.3
2008	29.0	6.5	58.6	5.8	0.3

（注） 鉄道はJRと民鉄の計，バスは営業用バスと自家用バスの計，乗用車等は営業用乗用車と自家用乗用車，軽自動車等の計。

表1.2 国内貨物輸送の輸送機関別分担率〔%〕の推移（トンキロ）[1)]

年度	鉄道	自動車	内航海運	航空
1989	4.9	51.7	43.3	0.1
1994	4.5	51.5	43.8	0.2
1999	4.0	54.8	41.0	0.2
2004	3.9	57.5	38.4	0.2
2005	4.0	58.7	37.1	0.2
2006	4.0	59.9	35.9	0.2
2007	4.0	61.0	34.9	0.2
2008	4.0	62.1	33.7	0.2

（注） 自動車は営業用自動車と自家用自動車の計。

スでの分担率は，2008（平成 20）年度の場合，乗用車等が 58.6 ％で最も高く，次いで鉄道が 29.0 ％，以下バスが 6.5 ％，航空が 5.8 ％，旅客船が 0.3 ％となっており，ここ 10 数年間大きな変化は見られない。一方，国内貨物輸送の輸送機関別分担率の推移を，**表 1.2** に示す。トンキロベースでの分担率は，2008 年度の場合，自動車が 62.1 ％，内航海運が 33.7 ％とこの二つの交通機関で大半を占めており，残りは鉄道が 4.0 ％，航空が 0.2 ％である。

1.3　都市圏交通の現状

都市圏における交通の現状について，東京都市圏を例に，2018（平成 30）年に実施されたパーソントリップ調査の結果に基づき以下に述べる（パーソントリップ調査については，3 章で説明する）。

東京都市圏の居住者の総トリップ数は，**図 1.10** に示すとおり，約 7 373 万トリップ/日である。これまで夜間人口の伸びと同様に増加傾向にあったが，2018（平成 30）年では初めて減少に転じた。

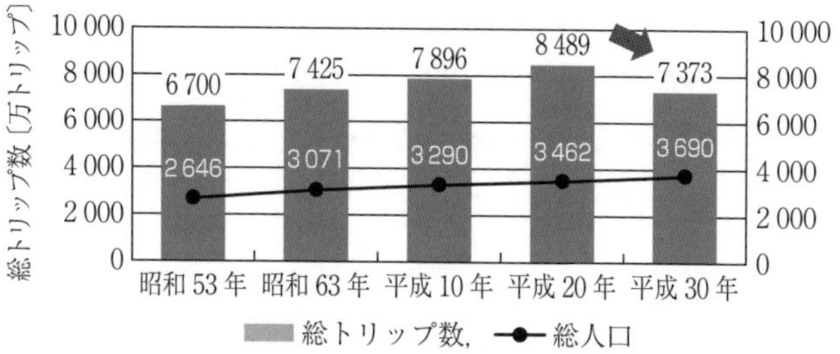

（注）総人口はパーソントリップ調査対象の 5 歳以上の人口

図 1.10　東京都市圏居住者による総トリップ数と総人口の推移[4)]

また，年齢階層別の 1 人 1 日当りトリップ（外出した人）の推移を**図 1.11** に示す。2008（平成 20）年と比較してすべての年齢階層でトリップ数が減少しており，これまで増加傾向であった 45 歳以上も減少に転じている。

交通手段別の移動の状況について，**図 1.12** に代表交通手段別の分担率を示す。2018（平成 30）年では鉄道は 33 ％，自動車 27 ％である。以前からの推

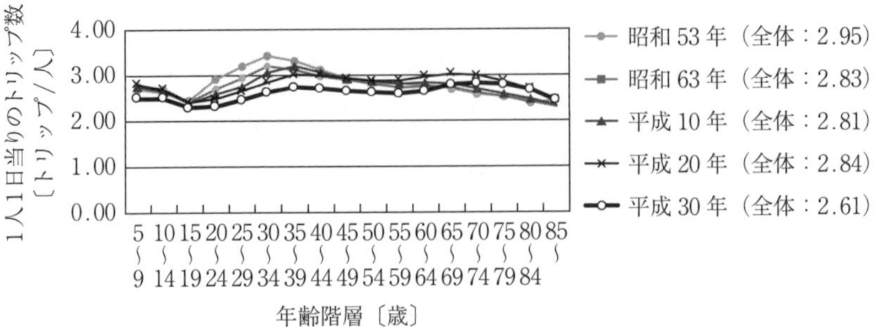

図 1.11　年齢階層別の１人１日当りのトリップ数の推移[4)]

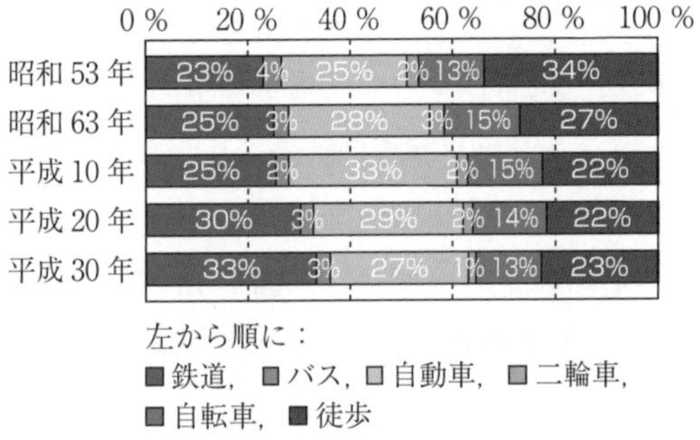

図 1.12　代表交通手段分担率の推移[4)]

移を見ると，1988（昭和 63）年から 1998（平成 10）年では自動車トリップが増加しているが，1998（平成 10）年から 2018（平成 30）年では自動車トリップが減少し，鉄道トリップが増加している。

1.4　都市間交通の現状

全国の都市間を結ぶ幹線交通の現状について，2015（平成 27）年に国土交通省が実施した第 6 回全国幹線旅客純流動調査の結果に基づき，以下に述べる（全国幹線旅客純流動調査については，3 章で説明する）。

まず，航空，新幹線等の鉄道，幹線旅客船，幹線バス，乗用車等の幹線交通機関を利用した都道府県を越える旅客流動（三大都市圏内は除く）は，**図**

1.13 に示したとおり，年間約 18 億人で，国民一人当りに換算すると約 14 日/年（1 往復を 2 回とカウント）に相当する。交通機関分担は，乗用車等が 74.7 %と 3/4 を占め，鉄道が 17.2 %，航空が 5.5 %の割合となっている。

つぎに，距離帯別の傾向は**図 1.14** に示したとおり，流動量の多い 300 km 未満では乗用車等，500 km 以上では鉄道，1 000 km 以上では航空がそれぞれの区間で過半を分担している。また，比較的運賃が安価な幹線バスは，距離帯

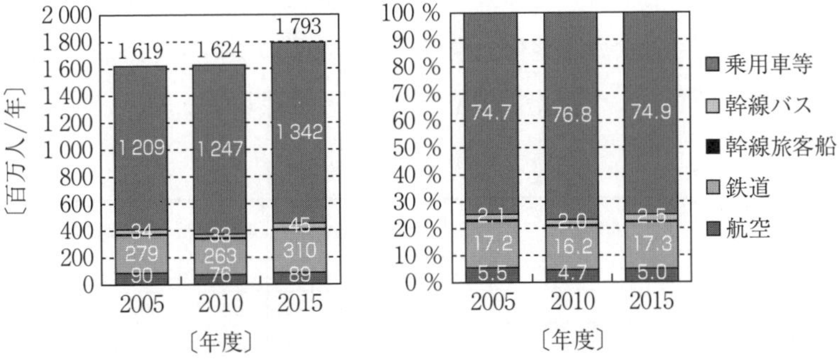

（注 1）　航空は国内定期航空路線，鉄道は新幹線，JR 特急列車及び一部長距離民鉄線，幹線旅客船はフェリーを含む航路，幹線バスは都市間バス，高速バス，乗用車等は自家用乗用車，タクシーである。

（注 2）　異なる幹線交通機関を乗り継いでいる場合，①航空，②鉄道，③幹線旅客船，④幹線バス，⑤乗用車等の順で利用した幹線交通機関を代表交通機関としている。

図 1.13　代表交通機関別の旅客流動量・分担率（年間）[5)]

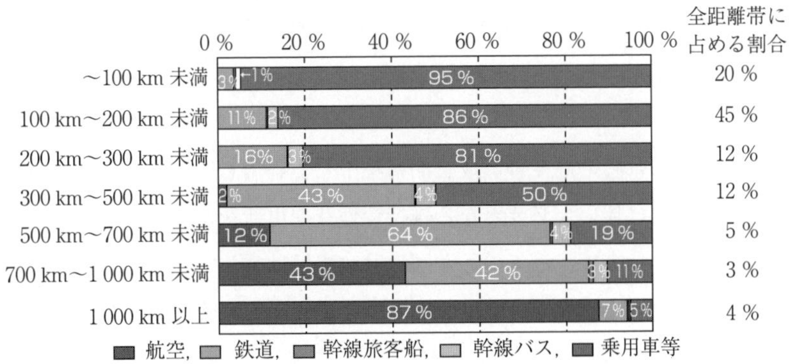

図 1.14　距離帯別代表交通機関別分担率（年間）[5)]

によらず1 000 km 未満まで一定のシェアがあり，価格を重視して交通機関選択を行う旅客が存在すると考えられる。

1.5　交通社会資本の整備状況

わが国の社会資本は，戦後の高度経済成長とともに着実に整備されてきた。**表1.3**は，1965（昭和40）年以降の道路，鉄道，空港など日々の生活や経済社会を支える交通社会資本整備の推移を示したものであり，1965（昭和40）年から1985（昭和60）年にかけて整備が大きく進展している。

表1.3　交通社会資本整備の推移[3)]

指標　　　年度末	指標の定義	1970	1975	1980	1985	1990	1995	2000	2005	2010	2015	2016	2017
高規格幹線道路〔km〕		–	–	–	–	5 074	6 567	7 843	8 839	9 855	11 266	11 404	11 604
高速自動車国道〔km〕		649	1 888	2 867	3 759	4 869	5 930	6 861	7 389	7 895	8 782	8 778	8 893
本州四国連絡道路〔km〕		–	–	7	38	107	108	164	164	180	180	180	180
一般国道の自動車専用道路〔km〕		–	–	–	–	98	182	341	689	1 023	1 437	1 698	1 757
都市高速道路延長〔km〕		164	199	263	332	465	552	617	689	747	782	792	793
国道·都道府県道改良率〔%〕	改良済区間延長/実延長	52.9	62.2	67.3	71.3	75.4	78.5	71.5	73.8	75.6	76.9	77.1	–
市町村道舗装率〔%〕	舗装済延長（簡易舗装を含む）/実延長	12.0	27.0	41.3	54.4	65.5	70.2	73.4	75.9	77.5	79.1	79.2	–
都市計画道路整備率〔%〕	改良済延長/都市計画決定延長	27	32	36	40	45	49	51	55	60	64	64	65
新幹線営業キロ数〔km〕		553	1 175	1 175	2 010	2 010	2 014	2 131	2 365	2 599	2 975	3 066	2 997
空港滑走路延長〔km〕		93.4	123.3	139.2	149.8	164.7	181.5	198.9	215.6	232.1	232.4	232.4	232.4

（注1）「高規格幹線道路」の1995年度以降は，高速自動車国道に並行する一般国道の自動車専用道路を含む。
（注2）2005年度の一般国道の自動車専用道路には，一般国道のバイパス等を活用する区間を含む。

近い将来，これらの高度経済成長期に集中して整備した交通社会資本の高齢化が進展するのに伴い，必要となる維持管理費や更新費が急速に増加することが想定される。一方で，近年のわが国の財政事情は厳しい状況が続いており，真に必要な社会資本整備だけではなく，既存施設の維持管理や更新にも支障をきたす可能性がある。

このように高齢化した交通社会資本の割合の増大は，重大な事故や致命的な損傷などの発生リスクの向上につながる。このため，従来実施されているような損傷などが発生してから対処する「事後的管理」から，事前に点検を行って，異常が確認された場合には致命的欠陥が発現する前に速やかに対処する「予防保全的管理」へと転換する必要がある。今後，このような戦略的な維持管理（アセットマネジメントとも呼ばれる）を進めることで，国民の安全・安心を確保するとともに，社会資本の長寿命化とライフサイクルコストの低減を図っていくことが重要である。

演　習　問　題

〔1.1〕 近年のわが国の社会経済動向の特徴を述べよ。

〔1.2〕 わが国の旅客輸送構造および貨物輸送構造の特徴を述べよ。

〔1.3〕 都市間の幹線交通における距離帯別の利用特性を述べよ。

2章 交通計画の概要

◆本章のテーマ

本章では，まず，交通にかかわる計画の種類，計画の策定プロセスや作成手順について述べる。つぎに，各種交通計画の上位計画である国土形成計画や社会資本整備重点計画の内容や役割について説明する。さらに，計画を実施する上での評価制度についても紹介する。

◆本章の構成（キーワード）

2.1　交通にかかわる計画の種類

　　策定主体，計画対象

2.2　計画の策定プロセス

　　構想，基本計画，整備計画，実施計画

2.3　計画の作成手順

　　問題の明確化，枠組み設定，調査，分析，将来予測，代替案作成，評価

2.4　交通にかかわる計画制度

　　国土形成計画，社会資本整備重点計画，交通政策基本計画

2.5　評価制度

　　行政評価法，NPM，PDCA，新規事業採択時評価，再評価，事後評価

◆本章を学ぶと以下の内容をマスターできます

☞　交通にかかわる計画制度の体系

☞　個別の計画制度，評価制度の内容

2.1 交通にかかわる計画の種類

交通にかかわる計画には，全国あるいは地域における総合的な計画から，道路や鉄道など個別の交通施設を対象とした計画，交通事業の運営計画まで多様な計画が存在する。本節ではこれらの交通計画について，計画主体，計画対象により分類して説明する。

2.1.1 計画の策定主体による分類

交通にかかわる計画を策定する**主体**としては，国，都道府県や市町村などの地方自治体，鉄道会社やバス会社，航空会社などの交通事業者が挙げられる。

国が策定する主要な計画として，国土の利用や整備，保全を推進するための総合的な計画である**国土形成計画**（national spatial planning），国土の利用に関する基本構想，国土の利用目的に応じた区分ごとの規模の目標などを定める**国土利用計画**（national land use plan），社会資本整備事業を重点的，効果的かつ効率的に推進するための計画である**社会資本整備重点計画**（priority plan for social infrastructure development）の三つがある。

このうち国土形成計画と社会資本整備重点計画は，わが国の計画体系において両輪に位置づけられており，全国レベルでの整合性はもとより，地方レベルにおいても，国土形成計画の広域地方計画と社会資本整備重点計画の地方ブロックの社会資本整備の重点方針との間で整合が図られている[1)]。また，後述する各種計画の策定にあたっては，これらの**上位計画**（ある計画に対してより高次の目的を持つ計画）との整合性が保たれるように配慮する必要がある。

その他，国が策定する計画として，首都圏や近畿圏などの大都市圏整備に関する計画，個別交通機関を対象とした計画である高規格幹線道路網計画，新幹線鉄道の基本計画や整備計画などがある。以上述べた国土に関する諸計画の体系を**図 2.1** に示す。なお，これらの計画に加えて近年，交通に関する施策を総合的・計画的に定めた**交通政策基本計画**が策定されることとなった。

地方自治体が策定する計画には，総合交通計画，都市交通マスタープラン，

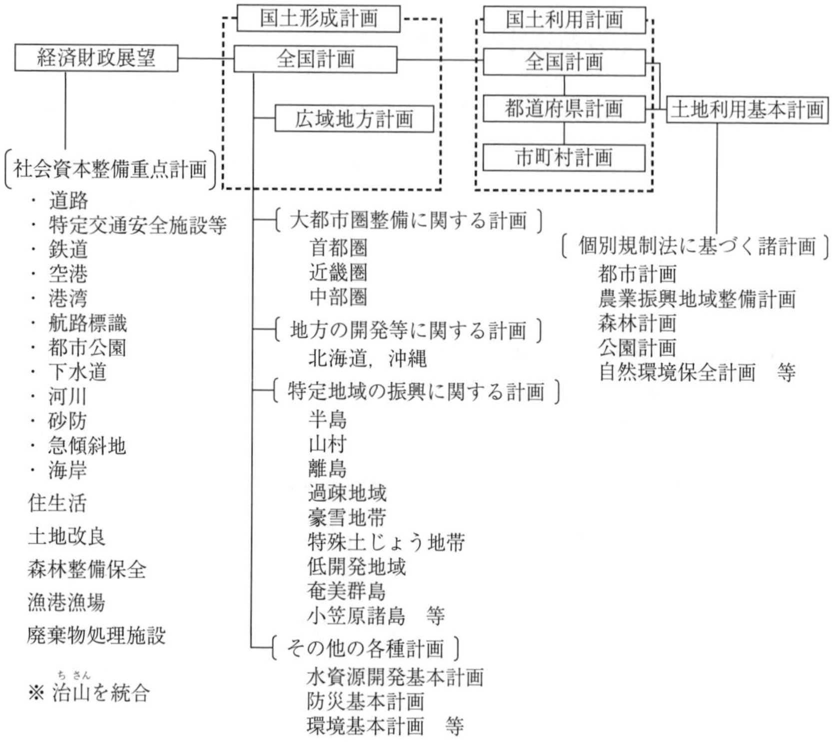

出典：川上征雄：国土計画の変遷，鹿島出版会（2008）

図 2.1　国土に関する諸計画の体系[2)]

都市計画などがある。また，交通事業者が策定する計画として，中期経営計画や設備投資計画などがある。

なお，近年では**地方分権**（decentralization）の流れを受け，国土形成計画の広域地方計画や地域公共交通連携計画のように，国の地方機関（地方整備局や地方運輸局など）と地方自治体，交通事業者などの多様な主体が連携して計画を策定する場面も多く見られるようになっている。

2.1.2　計画対象による分類

交通計画の対象範囲は，全国からブロック圏（北海道，東北，関東など），都市圏，都道府県，市町村まで幅広く，対象期間は，国土形成計画などの**長期計画**ではおおむね 10 年以上，施設の整備計画や設備投資計画などの**中期計画**ではおおむね 3 ～ 5 年，施設の運用などの**短期計画**ではおおむね 1 年以内である。また，交通施設別では，道路，鉄道，空港，港湾，都市交通（都市モノレール，新交通システム，路面電車，LRT など）を対象とした計画がある。

2.2 計画の策定プロセス

交通計画に限らず一般に計画の策定は，構想を端緒として徐々にその内容を具体化していくものであり，そのプロセスはおおむねつぎのとおりである[3)]。

構想：計画の目的や必要性の明確化，創造的な代替案の検討に重点が置かれ，マクロ分析や定性的分析に基づき大まかな計画のイメージ，ビジョンを提示する過程である。実際の道路計画や鉄道計画では，ネットワークの構成を提示する段階である。なお，近年ではこの構想段階において，市民の意見を広く募る**パブリックインボルブメント**（public involvement，**PI**）が行われる場合もある。

基本計画：計画目的，目標年度，構想実現のための諸条件が詳細に示され，現状把握，定量分析や制度面などの検討に基づいて，施設の立地場所や機能の内容，概算費用などを明示する過程である。実際の道路計画では，主要通過点，標準車線数，設計速度などを提示する段階である。

整備計画：基本計画で決定した内容について詳細な調査を実施し，事業化のための工法や資金面などを検討する過程である。関連する公共施設や地域開発計画などについて関係機関との調整を行うとともに，**環境アセスメント**（environmental impact assessment）を行い，必要な対策を考慮した整備計画を策定する。実際の道路計画や鉄道計画では，路線の通過帯を一定幅で示し，併せて構造規格（車線数，設計速度，幅員など）や駅位置を提示する段階である。

実施計画：施設整備を実施に移すための計画で，実現のための手段，資金，組織，制度などに関する内容を時間的経過とともに明示する過程である。路線の正確な位置や構造などが図面に詳細に記入され，工事費や工期なども詳細に提示する段階である。

なお，以上の計画の区分は概念的なものであり，後述する道路や鉄道などの実際の交通計画での区分とは異なる場合もある点に留意する必要がある。

2.3 計画の作成手順

2.2 節で述べた計画を策定する上で，各段階においては問題の明確化，調査，分析，将来予測，評価といった検討が繰り返されるが，検討の重点は段階によって異なっている。例えば構想段階では，問題の明確化や枠組みの設定に重点が置かれ，基本計画や整備計画では，調査や分析，将来予測，代替《たい》案の作成，評価が中心となる[3]。

問題の明確化：計画を作成するときにはなんらかの問題があるが，その本当の問題は必ずしも明確ではない。これを明確に定義する。

計画の枠組設定：計画において，空間的，時間的にどの範囲まで扱うかの枠組みを設定する。

調査：問題点を定量的に確認するためにデータを取得する。また，将来予測を行うときに必要なデータも取得する。

分析：取得したデータを用いて，問題点をより明確化する。

将来予測：将来の状態を把握し，計画へ反映する。

代替案の作成：問題を解決するための方法を抽《ちゅう》出する。

評価：いくつかの代替案について，費用，便益などを計算し，財務，経済，環境などの面から最適なものを選択する。

2.4　交通にかかわる計画制度

2.4.1　国土形成計画

国土計画とは，長期的かつ総合的な視点からの国全体における人口や産業の配置，高速道路や新幹線などの基幹的交通体系の整備計画，国土保全計画などを内容とする計画であり，国土づくりの方向性を示すものである。わが国の国土計画については，1962（昭和37）年以来，5次にわたって**全国総合開発計画**（comprehensive national land development plan）が策定されてきたが，社会経済環境などの変化に伴って，その根拠法である国土総合開発法が2005（平成17）年に抜本改正され，**国土形成計画**となった。

コ ラ ム

全国総合開発計画（全総計画）

わが国において長らく国土計画の中心であった**全国総合開発計画**は，国土総合開発法に基づく国土総合開発計画のうち，国が全国の区域について作成する総合開発計画であり，これまで5次にわたって策定された（次ページの表を参照）。各計画の概要はつぎのとおりである。

第一次の計画である**全国総合開発計画**（1962（昭和37）年10月）では，高度経済成長への移行，過大都市問題，地域間の所得格差などの課題に対応するため，地域間の均衡ある発展を基本的目標とし，そのための方策として**拠点開発方式**が採用された。

第二次の計画である**新全国総合開発計画**（1969（昭和44）年5月）では，全国総合開発計画策定後の予想を上回る経済の高度成長，人口，産業の大都市集中，情報化，国際化，技術革新の進展などに対応するために，人間のための豊かな環境の創造を基本的目標とし，**大規模開発プロジェクト方式**が採用された。

第三次全国総合開発計画（1977（昭和52）年11月）では，国土資源やエネルギーの有限性の顕在化などに対応して，人間と自然との調和のとれた人間居住の総合的環境を計画的に整備することを基本的目標とし，**定住構想**が採用された。

第四次全国総合開発計画（1987（昭和62）年6月）では，人口や諸機能の東京一極集中や産業構造の急速な変化などによる地方圏での雇用問題の深刻

表　全国総合開発計画の比較[4)]

	全国総合開発計画（全総）	新全国総合開発計画（新全総）	第三次全国総合開発計画（三全総）	第四次全国総合開発計画（四全総）	21世紀の国土のグランドデザイン
閣議決定	昭和37年10月5日	昭和44年5月30日	昭和52年11月4日	昭和62年6月30日	平成10年3月31日
策定時の内閣	池田内閣	佐藤内閣	福田内閣	中曽根内閣	橋本内閣
背景	1　高度成長経済への移行 2　過大都市問題，所得格差の拡大 3　所得倍増計画（太平洋ベルト地帯構想）	1　高度成長経済 2　人口，産業の大都市集中 3　情報化，国際化，技術革新の進展	1　安定成長経済 2　人口，産業の地方分散の兆し 3　国土資源，エネルギー等の有限性の顕在化	1　人口，諸機能の東京一極集中 2　産業構造の急速な変化等により，地方圏での雇用問題の深刻化 3　本格的国際化の進展	1　地球時代（地球環境問題，大競争，アジア諸国との交流） 2　人口減少・高齢化時代 3　高度情報化時代
長期構想	―	―	―	―	「21世紀の国土のグランドデザイン」一極一軸型から多軸型国土構造へ
目標年次	昭和45年	昭和60年	昭和52年からおおむね10年間	おおむね平成12年（2000年）	平成22年から27年（2010-2015年）
基本目標	〈地域間の均衡ある発展〉 都市の過大化による生産面・生活面の諸問題，地域による生産性の格差について，国民経済的視点からの総合的解決を図る。	〈豊かな環境の創造〉 基本的課題を調和しつつ，高福祉社会を目ざして，人間のための豊かな環境を創造する。	〈人間居住の総合的環境の整備〉 限られた国土資源を前提として，地域特性を生かしつつ，歴史的，伝統的文化に根ざし，人間と自然との調和のとれた安定感のある健康で文化的な人間居住の総合的環境を計画的に整備する。	〈多極分散型国土の構築〉 安全でうるおいのある国土の上に，特色ある機能を有する多くの極が成立し，特定の地域への人口や経済機能，行政機能等諸機能の過度の集中がなく地域間，国際間で相互に補完，触発しあいながら交流している国土を形成する。	〈多軸型国土構造形成の基礎づくり〉 多軸型国土構造の形成を目指す「21世紀の国土のグランドデザイン」実現の基礎を築く。 地域の選択と責任に基づく地域づくりの重視。
基本的課題	1　都市の過大化の防止と地域格差の是正 2　自然資源の有効利用 3　資本，労働，技術等の諸資源の適切な地域配分	1　長期にわたる人間と自然との調和，自然の恒久的保護，保存 2　開発の基礎条件整備による開発可能性の全国土への拡大均衡化 3　地域特性を生かした開発整備による国土利用の再編成と効率化 4　安全，快適，文化的環境条件の整備保全	1　居住環境の総合的整備 2　国土の保全と利用 3　経済社会の新しい変化への対応	1　定住と交流による地域の活性化 2　国際化と世界都市機能の再編成 3　安全で質の高い国土環境の整備	1　自立の促進と誇りの持てる地域の創造 2　国土の安全と暮らしの安心の確保 3　恵み豊かな自然の享受と継承 4　活力ある経済社会の構築 5　世界に開かれた国土の形成
開発方式等	〈拠点開発構想〉 目標達成のため工業の分散を図ることが必要であり，東京等の既成大集積と関連させつつ開発拠点を配置し，交通通信施設によりこれを有機的に連絡させ相互に影響させると同時に，周辺地域の特性を生かしながら連鎖反応的に開発をすすめ，地域間の均衡ある発展を実現する。	〈大規模プロジェクト構想〉 新幹線，高速道路等のネットワークを整備し，大規模プロジェクトを推進することにより，国土利用の偏在を是正し，過密過疎，地域格差を解消する。	〈定住構想〉 大都市への人口と産業の集中を抑制する一方，地方を振興し，過密過疎問題に対処しながら，全国土の利用の均衡を図りつつ人間居住の総合的環境の形成を図る。	〈交流ネットワーク構想〉 多極分散型国土を構築するため，①地域の特性を生かしつつ，創意と工夫により地域整備を推進，②基幹的交通，情報・通信体系の整備を国自らあるいは国の先導的な指針に基づき全国にわたって推進，③多様な交流の機会を国，地方，民間諸団体の連携により形成。	〈参加と連携〉 多様な主体の参加と地域連携による国土づくり（4つの戦略） 1　多自然居住地域（小都市，農山漁村，中山間地域等）の創造 2　大都市のリノベーション（大都市空間の修復，更新，有効活用） 3　地域連携軸（軸状に連なる地域連携のまとまり）の展開 4　広域国際交流圏（世界的な交流機能を有する圏域）の形成
投資規模	「国民所得倍増計画」における投資額に対応	昭和41年から昭和60年 約130～170兆円 累積政府固定投資（昭和40年価格）	昭和51年から昭和65年 約370兆円 累積政府投資（昭和50年価格）	昭和61年度から平成12年度 1 000兆円程度 公，民による累積国土基盤投資（昭和55年価格）	投資総額を示さず，投資の重点化，効率化の方向を提示

化，本格的国際化の進展などの課題に対応するため，多極分散型国土の形成を基本的目標とし，この目標達成のために**交流ネットワーク構想**が採用された。

第五次の計画である**21 世紀の国土のグランドデザイン**（1998（平成 10）年 3 月）では，地球時代，人口減少・高齢化時代，高度情報化社会の到来などの大きな時代の転換期にある中で，50 年程度先を見据《す》える長期的な視点に立ち，多軸型国土構造を目指す長期構想を掲げた。計画期間中の 2010 年から 2015 年までに，この長期構想実現の基礎を築くことを目標として五つの基本的課題に取り組むとし，その課題達成のために，**他自然居住地域の創造**，**大都市のリノベーション**，**地域連携軸の展開**，**広域国際交流圏の形成**の四つの戦略が掲げられている。さらに，計画の実現に向けて参加と連携による国土づくりを目指すとされた。

国土形成計画の特徴は，大きく二つ挙げられる[5]。一つは，開発中心からの転換である。高齢社会の進展，地球環境問題に対する意識の高まり，財政的な制約など，今後の成熟社会を踏まえた計画への変革である。もう一つは，地方が計画づくりに強く関与する点である。長期的な国土づくりの指針を示す**全国計画**のほかに，広域ブロック（東北圏，首都圏，北陸圏，中部圏，近畿圏，中国圏，四国圏，九州圏）ごとに，国と都府県などが適切な役割分担の下，相互に連携・協力して作成する**広域地方計画**が創設され，**二層の計画体系**となった。さらに，地方自治体から国への計画提案制度や，国民の意見を反映させる仕組みが新たに設けられた点も大きな変革である。

このように国土形成計画は，新しい国土像として，多様な広域ブロックが自立的に発展する国土を構築するとともに，美しく暮らしやすい国土の形成を図ることを目的とし，その実現のための戦略的目標，分野別施策の基本的方向などを定めたものとなっており，最初の全国計画が 2008（平成 20）年に，広域地方計画がその翌年にそれぞれ策定された。

なお，その後の急激な人口減少や巨大災害の切迫など国土にかかる状況の大きな変化に対応する必要性から，2015（平成 27）年に全国計画の変更が閣議決定されるとともに，その翌年に広域地方計画が大臣決定された。新たな全国計画では，個性豊かな地域が相互に連携することにより，ヒト，モノ，情報などが活発に行きかう「**対流促進型国土**」の形成を基本とし，「**コンパクト＋ネットワーク**」により稼げる国土，住み続けられる国土の実現を目指している。ここで，各ブロックの広域地方計画における将来像を**図 2.2** に示す。

東北圏
震災復興から自立的発展
震災復興を契機に，日本海・太平洋 2 面活用による産業集積，インバウンド増加により，人口減少下においても自立的に発展する防災先進圏域の実現と豊かな自然を生かした交流・産業拠点を目指す。

近畿圏
歴史とイノベーションによる アジアとの対流拠点
わが国の成長エンジンとして，スーパー・メガリージョンの一翼を担うため，知的対流拠点機能を強化し次世代産業を育成。圏域北部・南部まで個性を生かし世界を魅了し，多様な観光インバウンドの拡大を図る。

首都圏
安全・安心を土台に洗練された 対流型首都圏の構築
三環状，リニア等の面的ネットワークを賢く使い，「連携のかたまり」を創出する対流型首都圏に転換。「防災・減災」と一体化した「成長・発展」，国際競争力強化。首都圏全体で超高齢化に対応。

中国圏
瀬戸内から日本海の 多様な個性で対流し世界に輝く
瀬戸内海側の産業クラスター，中山間地の自立拠点，日本海側の連携都市圏などの拠点間のネットワークを強化し，国内外の多様な交流と連携により，圏域を超えた産業・観光振興を図る。

北陸圏
日本海・太平洋 2 面活用型国土の要
三大都市圏との連携，ユーラシアへのゲートウェイ機能の強化を図り，国土全体の災害リスクに対応した多重性・代替性を担うとともに，暮らしやすさに磨きをかけ，日本海側の対流拠点圏域の形成を目指す。

四国圏
圏域を越えた対流で世界へ発信
隣接圏域等との対流を促進し，南海トラフ地震への対応力の強化，瀬戸内海沿岸に広がる素材産業・製造業やグローバルニッチ産業の競争力強化，滞在・体験型観光によるインバウンド拡大を目指す。

中部圏
世界ものづくり対流拠点
リニア効果を最大化し，スーパー・メガリージョンのセンターを担い，首都，関西，北陸圏と連携し，世界最強・最先端のものづくり産業・技術のグローバル・ハブを形成，観光産業を育成，圏域の強靱化を図る。

九州圏
日本の成長センター ～新しい風を西から～
アジアの成長を引き込むゲートウェイとして，高速交通ネットワークを賢く使い，巨大災害対策や環境調和を発展の原動力として，中国，四国など他圏域との対流促進を図る「日本の成長センター」を目指す。

図 2.2　各ブロックの広域地方計画における将来像[6)]

2.4.2　社会資本整備重点計画

従来，道路や空港など社会資本整備に関する計画は，分野ごとに**五箇年計画**が策定されていた。しかし，社会資本整備の重点化および効率化を一層推進するため，道路，交通安全施設，鉄道，空港，港湾，航路標識，公園・緑地，下水道，河川，砂防，地すべり，急傾斜地，海岸等の事業分野の計画を統合することで事業間の連携強化を図った**社会資本整備重点計画**が2003（平成15）年に策定された。この社会資本整備重点計画では，計画策定の重点を従来の「事業量」から「達成される成果」に変更し，国民から見た**成果目標**（アウトカム目標）を明示した点が大きな特徴となっている[5]。社会資本整備重点計画における指標例を**表2.1**に示す。

これまで4度の五箇年計画（平成15～19年度，平成20～24年度，平成24～28年度，平成28～令和2年度）が策定され，計画的・効率的な整備が進められている。2015（平成27）年に閣議決定された第4次の計画では，厳

表2.1　社会資本整備重点計画（平成28～令和2年度まで）の指標例[7]

	項目	指標の例
重点目標1	メンテナンスサイクルの構築による安全・安心の確保とトータルコストの縮減・平準化の両立	○個別施設ごとの長寿命化計画（個別施設計画）の策定率 【各施設分野において100 %を目指す】
重点目標2	切迫する巨大地震・津波や大規模噴火に対するリスクの低減	○公共土木施設等の耐震化率等 【(緊急輸送道路上の橋梁の耐震化率) H25年：75 %→H32年：81 %など】
	陸・海・空の交通安全の確保	○ホームドアの整備駅数 【H25年：583駅→H32年：800駅】
重点目標3	地域生活サービスの維持・向上を図るコンパクトシティの形成等	公共交通の利便性の高いエリアに居住している人口割合 【(地方都市圏) H26年：38.6 %→H32年：41.6 %など】
	安心して生活・移動できる空間の確保	公共施設等のバリアフリー化率等 【(特定道路) H25年：83 %→H32年：100 %など】
重点目標4	大都市圏の国際競争力の強化	○三大都市圏環状道路整備率 【H26年：68 %→H32年：約80 %】
	地方圏の産業・観光投資を誘発する都市・地域づくりの推進	○道路による都市間速達性の確保率 【H25年：49 %→H32年：約55 %】

しい財政制約のもと，社会資本のストック効果が最大限に発揮されるよう，集約・再編を含めた戦略的メンテナンスや既存施設の有効活用に重点的に取り組むとともに，社会資本整備の目的および役割に応じて，「安全安心インフラ」，「生活インフラ」，「成長インフラ」の三つについて，選択と集中を図ることとしている。そのため，**図 2.3** に示すような四つの重点目標と 13 の政策パッケージを設定し，計画期間に実施する重点施策とその進捗を示す指標を明示している。

重点目標 1　社会資本の戦略的な維持管理・更新を行う
　1-1　メンテナンスサイクル構築による安全・安心の確保とトータルコストの縮減・平準化の両立
　1-2　メンテナンス技術の向上とメンテナンス産業の競争力の強化
重点目標 2　災害特性や地域の脆弱性に応じて災害等のリスクを低減する
　2-1　切迫する巨大地震・津波や大規模噴火に対するリスクの低減
　2-2　激甚化する気象災害に対するリスクの低減
　2-3　災害発生時のリスクの低減のための危機管理対策の強化
　2-4　陸・海・空の交通安全の確保
重点目標 3　人口減少・高齢化等に対応した持続可能な地域社会を形成する
　3-1　地域生活サービスの維持・向上を図るコンパクトシティの形成等
　3-2　安心して生活・移動できる空間の確保（バリアフリー等の推進）
　3-3　美しい景観・良好な環境の形成と健全な水循環の維持または回復
　3-4　地球温暖化対策等の推進
重点目標 4　民間投資を誘発し，経済成長を支える基盤を強化する
　4-1　大都市圏の国際競争力の強化
　4-2　地方圏の産業・観光投資を誘発する都市・地域づくりの推進
　4-3　わが国の優れたインフラシステムの海外展開

図 2.3　社会資本整備重点計画（平成 28 ～令和 2 年度まで）の重点目標[7]

2.4.3　交通政策基本法と交通政策基本計画[8]

上述したようにわが国では従来，国土政策では国土形成計画が，交通インフラ整備では社会資本整備重点計画があり，それぞれ総合的・計画的に施策が進められてきた。一方，交通政策に関する基本的な法律や計画は存在せず，個別の法律に基づいて個々に施策が行われたことから，交通政策の推進に当たっての基本理念を打ち立て，関係者の連携と役割分担の下に，政策を総合的に推進する体制を構築していくことが必要な状況であった。こうした背景を受け，初

めての交通政策に関する基本法制として，2013（平成 25）年に**交通政策基本法**が成立した。

同法では，国，地方自治体，民間事業者，そして国民がそれぞれ責務と役割を有し，その適切な役割分担と有機的・効率的な推進の下に交通政策を推進すべきである旨を定めている。また，国民などの交通に対する基本的な需要が適切に充足されることが重要であるという認識の下に，「豊かな国民生活の実現」，「国際競争力の強化」，「地域の活力の向上」，「大規模災害への対応」などの施策についての基本理念を定めており，これらを実現するために必要な施策として，つぎのような内容を定めている。

- まちづくりと一体となった公共交通ネットワークの維持・発展を通じた地域の活性化
- 国際的な人流・物流・観光の拡大を通じたわが国の国際競争力の強化
- 交通に関する防災・減災対策や多重性・代替性の向上による巨大災害への備え
- 少子高齢化の進展を踏まえたバリアフリー化をはじめとする交通の利便性向上
- 以上の取り組みを効果的に推進するための情報通信技術（ICT）の活用

さらに，交通に関する基本的な施策の策定と実施について，国および地方自治体の責務を定めるとともに，以上のような交通施策に関する基本的な計画として**交通政策基本計画**を策定することとしており，2014（平成 26）年度から 2020（令和 2）年度までを計画期間とした計画が策定され，計画に基づく施策が実施されている。

2.5 評　価　制　度

2.5.1 政　策　評　価[9)]

1990 年代後半から，国の行政改革委員会において行政のあり方に関する検討が行われ，2002（平成 14）年に**行政評価法**（行政機関が行う政策の評価に関する法律）が施行された。政策評価とは，行政機関が行う政策について客観的かつ厳格な評価を実施し，その結果を政策へ適切に反映させる取り組みであり，民間企業の経営手法を行政に取り入れる**ニューパブリックマネジメント**（new public management，**NPM**）の考え方に基づくものである。この政策評価に関する情報は，**アカウンタビリティ**（accountability：説明責任）の観点から広く国民に公表されている。

例えば国土交通省においては，2002（平成 14）年に政策評価基本計画が策定され，① 国民本位の効率的な質の高い行政の実現，② 成果重視の行政の推進，③ 国民に対する説明責任の徹底，の三つの目標の達成を目指して，政策アセスメント，政策チェックアップ，政策レビューの三つの評価が行われている。これらの評価は，予算要求・企画立案（plan），施策・事業等の実施（do），事後評価（check），政策の改善・反映（act）という **PDCA サイクル**（plan-do-check-act cycle）の一環で行われるものである。

具体的に，政策アセスメント（事業評価）は，新規に導入あるいは拡充する施策の企画立案の必要性，効率性，有効性を評価するものであり，政策チェックアップ（実績評価）は，政策目標ごとに業績指標とその目標値を設定し，定期的に業績を測定して目標の達成度を評価するもの，政策レビュー（総合評価）は，社会経済情勢や政策チェックアップの結果を踏まえて特定のテーマについて深く掘り下げて分析するとともに，さまざまな観点から総合的に評価するものである。

2.5.2　個別事業の評価

2.5.1 項で述べた政策評価のプロセスの中で，個々の公共事業に対する評価は重要な役割を果たしている。この個別事業の評価は，近年の公共事業全般に対するアカウンタビリティの要請や厳しい財政制約などを受け，1998（平成 10）年以降，国土交通省など公共事業関係 6 省庁において実施されている。

具体的には，事業の予算化の判断に資するための評価である**事前評価**（新規事業採択時評価），事業の継続または中止の判断に資するための評価である**再**

評価，改善措置を実施するかどうかなど今後の対応の判断に資する評価である**事後評価**が実施されている。ここで，再評価および事後評価の対象事業を**表 2.2** に示す。

表 2.2　再評価および事後評価の対象事業

再評価	・事業採択後一定期間（直轄《かつ》事業等 3 年間，補助事業等 5 年間）が経過した時点で未着工の事業 ・事業採択後長期間（5 年間）が経過した時点で継続中の事業 ・準備段階および計画段階で一定期間が経過している事業 ・再評価実施後，一定期間（直轄事業等 3 年間，補助事業等 5 年間）が経過している事業 ・社会経済情勢の急激な変化，技術革新等により再評価の実施の必要が生じた事業
事後評価	・事業完了後，一定期間（5 年以内）が経過した事業 ・効果の発現が十分ではないが，今後時間の経過により効果の発現が期待できると事後評価の実施主体の長が判断した事業 ・改善措置が必要であると事後評価の実施主体の長が判断し，その措置が講じられた事業

評価にあたっては，**費用対効果分析**（cost-benefit analysis）を基本に，事業特性に応じて環境に与える影響や災害発生状況も含め，必要性・効率性・有効性の観点から**総合評価**（comprehensive evaluation）が実施されている。また，再評価では，投資効果などからの事業の必要性，事業の進捗《ちょく》の見込み，コスト縮減などの視点で事業の見直しが行われる。

演　習　問　題

〔**2.1**〕 交通計画の策定プロセスを挙げよ。

〔**2.2**〕 新たな国土計画である国土形成計画の特徴を二つ挙げよ。

〔**2.3**〕 2003（平成 15）年に創設された社会資本整備重点計画の特徴を二つ挙げよ。

3章 交通の統計調査

◆本章のテーマ

本章では，まず，交通計画を策定する上で必要となる現状把握や将来予測のための統計調査について，その意義や役割を述べる。つぎに，代表的な交通統計調査の目的や方法，活用などについて説明する。さらに，近年のICT（情報通信技術）を活用した交通調査についても紹介する。

◆本章の構成（キーワード）

3.1　統計調査の概要

基幹統計調査，一般統計調査，調査統計，加工統計

3.2　大規模な交通統計調査

トリップ，ゾーン，パーソントリップ調査，道路交通センサス，大都市交通センサス，国勢調査，全国幹線旅客純流動調査，物資流動調査，全国貨物純流動調査

3.3　その他の交通統計調査

自動車輸送統計調査，鉄道輸送統計調査，航空輸送統計調査，旅客地域流動調査，貨物地域流動調査

3.4　ICTを活用した交通調査

プローブパーソン調査，ビッグデータ

3.5　交通統計調査の活用

交通需要予測・検証

◆本章を学ぶと以下の内容をマスターできます

☞　統計調査の意義と役割

☞　個々の交通統計調査の目的・方法・活用

3.1 統計調査の概要

3.1.1 統計調査の分類[1), 2)]

統計調査（statistical survey）とは，統計を作成することを目的に個人や法人（企業等）に対して事実の報告を求める調査のことである。これまで国，地方自治体，独立行政法人などの公的主体や業界団体，民間企業によって多くの統計が整備されており，そのための調査も多数実施されている。

公的主体が作成する統計については，1947（昭和22）年に制定された**統計法**に基づいて整備されてきたが，体系的かつ効率的な整備および有効活用を図るため，2009（平成21）年に全面改正された。改正前は公的主体が調査によって作成する統計のみを対象としていたが，改正後はこれらの統計に加えて，業務データの集計により作成される統計や，他の統計結果を加工することにより作成される統計などが幅広く対象とされている。

また，この改正によって従来の指定統計，承認統計，届出統計の分類が見直され，新たに**基幹統計調査**（fundamental statistical survey）と**一般統計調査**（general statistical survey）の二つに分類された。このうち基幹統計調査は，行政機関が整備する統計の中でも特に重要な**基幹統計**（fundamental statistics）を作成するために行われる調査であり，交通分野では自動車輸送統計，鉄道車両等生産動態統計調査，港湾統計，内航船舶輸送統計などが指定されている。基幹統計調査は，正確な統計を作成する必要があることを踏まえ，調査対象に対し，報告する義務などの特別規定が定められている。

なお，国の行政機関が行う統計調査は多数存在することから，調査間の重複を排除して調査負担を軽減し，統計を体系的に整備する観点から，総務大臣が統計調査の審査および調整を行っている。

3.1.2 調査の対象

統計調査の対象は幅広いが，交通分野では鉄道，自動車・道路，航空・空港，海運・港湾などの旅客と貨物の輸送が主であり，地域内の流動量や輸送

表 3.1　おもな交通

区分	都市圏内流動				
調査名	パーソントリップ調査 (例：東京都市圏)	全国道路・街路交通情勢調査 (道路交通センサス)	大都市交通センサス	全国都市交通特性調査 (旧全国都市パーソントリップ調査)	国勢調査
調査主体	国土交通省都市局および 地方公共団体等 (東京都市圏交通計画協議会)	国土交通省 道路局	国土交通省 総合政策局	国土交通省 都市局	総務省 統計局
調査目的	東京都市圏の交通の実態を総合的に把握・分析し，都市圏の望ましい交通体系のあり方の検討を行う	全国の道路，交通状況，自動車の利用状況を調査し，道路計画，整備，管理等の基礎資料とする	三大都市圏における大量公共交通機関の利用実態を把握し，公共輸送網整備計画策定の基礎資料とする	全国の都市の交通実態を把握し，交通計画，まちづくりを検討するための基礎資料とする	国や地方公共団体における各種の行政施策を立案するための基礎資料とする
最新 調査年度	平成 30 年 (おおむね 10 年周期)	平成 27 年 (おおむね 5 年周期)	平成 27 年 (5 年周期)	平成 27 年 (おおむね 5～7 年周期)	平成 27 年 (5 年周期)
対象地域	東京都市圏	全国	首都圏，中京圏，近畿圏	全国 70 都市	全国
調査対象	人の流動 (1 日)	車の運行 (1 日)	鉄道，バス，路面電車 利用の人の動き (1 日)	人の流動 (1 日)	人の流動等 (1 日)
総流動／ 純流動	純流動	純流動	純流動	純流動	純流動
抽出および 調査方法	以下は平成 20 年調査実績 ●個人票は住民基本台帳から無作為に抽出された世帯の 5 歳以上の構成員全員 ●世帯票は 5 歳未満を含む構成員全員 →郵送配布，郵送回収	●オーナーインタビュー OD 調査 登録自動車は登録原簿ファイルから抽出，軽自動車は軽自動車検査ファイルから抽出→郵送配布，郵送または Web 回収 ●高速 OD 調査 高速道路利用者から回答者を募集→インターネット調査 ※その他，一般交通量調査（道路の整備状況，交通状況を調査）を実施	●鉄道利用者調査→駅で降車旅客に配布，郵送回収，もしくは駅への持込み回収（インターネット回答を併用） ●鉄道 OD 調査→自動改札機データを集計 ●バス利用者調査→バスターミナルで降車旅客に配布，郵送回収 ●バス OD 調査→乗車時に調査カードを配布，郵送回収 ※その他，鉄道輸送サービス実態調査，バス・輸送サービス実態調査，乗り換え施設実態調査を実施	●個人票は住民基本台帳から無作為に抽出された世帯の 5 歳以上の構成員全員 ●世帯票は 5 歳未満を含む構成員全員 →郵送配布，郵送または Web 回収	●全世帯の構成員全員 →インターネット回答の利用案内配布，インターネット回答
調査内容	●個人票 出発地，到着地，発着時刻，目的，利用交通手段，乗り換え地点，所要時間，自動車運転の有無，乗車人数，駐車場所，有料道路利用有無，利用 IC 名，ETC の利用有無など ●世帯票 世帯人数，個人属性（性，年齢，職業，勤務先・通学先，運転免許の有無，使用可能自動車の有無および台数等），世帯で所有している自動車・二輪車台数など	●オーナーインタビュー OD 調査 ・出発地，目的地，目的，出発・到着時刻，利用施設，駐車場所，移動距離，人数など ・車種，使用者の住所，1 日の移動距離，運転者の属性（性，年齢等）など ●高速 OD 調査 ・出発地，目的地，目的，出発・到着時刻など ・車種，運転者属性など	●鉄道利用者調査 (1 回目の鉄道利用) 移動目的，出発地住所と出発時刻，最初の駅までの交通手段と所要時間，最初の駅の乗車時刻，鉄道利用区間と列車種別・混雑具合・利用券種，最後の駅の降車時刻，最後の駅から目的地までの交通手段と所要時間，目的地住所と到着時刻など (2 回目，3 回目の鉄道利用) 移動目的，最初の駅の乗車時刻，鉄道利用区間と列車種別・利用券種，最後の駅の降車時刻，目的地住所 (帰宅時の鉄道利用) ・最初の乗車駅，最後の降車駅，最初の駅の乗車時刻，最後の駅の降車時刻 ・個人属性（性，年齢，定期券保有枚数・種類・購入場所，勤務先の始業時刻等）	●個人票 出発地，到着地，発着時刻，目的，利用交通手段，所要時間，自動車運転の有無，乗車人数，駐車場所，高速道路・有料道路の利用有無など ●世帯票 世帯人数，個人属性（性，年齢，職業，就業形態，運転免許の有無，使用可能自動車の有無等），世帯で所有している自動車・二輪車台数など	●交通関連の調査項目 ・従業地・通学地 ・利用交通手段（10 年ごとの大規模調査のみ）
サンプル数 (標本率等)	●個人票 有効回収数：733 873 人（標本率 2.12 %） ●世帯票 有効回収数：340 619 世帯（有効回答率 24.2 %）	平成 22 年調査実績 ●オーナーインタビュー OD 調査 有効調査台数：1 425 千台（抽出率 1.9 %）	(首都圏) ●鉄道：201 977 人 ●バス（空港アクセス）：2 120 人 (中京圏) ●鉄道：24 718 人 ●バス（空港アクセス）：125 人 ●バス（基幹的バス）：1 918 人 (近畿圏) ●鉄道：92 027 人 ●バス（空港アクセス）：839 人	●1 都市当り 500 世帯，目標(47 300 世帯回収)	●全数調査
拡大方法	地域別・性年齢階層別に人ベースで拡大	オーナーインタビュー OD 調査：市区町村別・車種別に台ベースで拡大 高速 OD 調査：車種別 IC ペア別交通量ベースで拡大	定期券発売枚数もしくは自動改札機データ（駅間別鉄道利用人数）ベースで拡大	拡大しない（性年齢階層別に人ベースで拡大）	拡大はしない
OD 表の ゾーン単位	計画基本ゾーン（市区町村を分割：601 ゾーン）	B ゾーン（市区町村を分割：約 7 000 ゾーン）	基本ゾーン（市区町村を分割）	DID 内外（居住地）	市区町村
トリップ特性	●個人属性と関連づけた目的別，交通手段別の OD を把握できる ●域外居住者や域外籍車の動きは捕捉できない	●車の動きを対象としており，交通機関分担は把握できない ●目的別流動量を車種別，OD 別に把握できる ●品目別貨物輸送量を車種別，OD 別に把握できる	●公共交通機関のみを対象としており，機関分担は把握できない ●対象地域が 3 大都市圏に限られる	●個人属性と関連づけた目的別，交通手段別の構成比を把握できる ●域外居住者や域外車籍車の動きは捕捉できない ● OD 特性を把握するためには標本率が低い	●人の流動については通勤・通学目的のみを対象としており，業務目的や私事目的は把握できない ●複数手段を利用する場合，乗換え地点は把握できない ●利用交通手段は大規模調査（10 年ごと）のみの調査である
時間帯	○	○	○	○	×
休日	×	○	×	○	×

(注)　文献 2)，3) 等を基に作成。

統計調査の内容[2), 3)]

都市圏内流動	都市間流動			
物資流動調査 （例：東京都市圏）	全国幹線旅客純流動調査	全国貨物純流動調査 （物流センサス）	旅客地域流動調査	貨物地域流動調査
国土交通省都市局および 地方公共団体等 （東京都市圏交通計画協議会）	国土交通省 総合政策局	国土交通省 総合政策局，道路局	国土交通省 総合政策局	国土交通省 総合政策局
東京都市圏の物資流動の実態を把握し，物流に関する総合的な都市交通計画の基礎資料とする	全国の幹線交通を利用した旅客流動を把握し，需要予測，交通政策や交通施設整備計画などの基礎資料とする	貨物の詳細な流動実態を把握し，物流に係る各種の基盤整備や施策検討のための基礎資料を提供する	旅客に関する地域相互間の輸送状況を明らかにし，需要予測，施設整備計画立案等の基礎資料とする	貨物に関する地域相互間の輸送状況を明らかにし，需要予測，施設整備計画立案等の基礎資料とする
平成25年 （おおむね10年周期）	平成27年 （5年周期）	平成27年 （5年周期）	平成28年 （毎年）	平成28年 （毎年）
東京都市圏	全国	全国	全国	全国
物資の流動 （1日）	幹線の旅客流動 （1日，年間）	貨物流動 （3日間，年間）	旅客流動 （年間）	貨物流動 （年間）
純流動	純流動	純流動	総流動	総流動
●事業所・企業統計調査等から物流に関連する事業所を抽出 ●事業所機能調査（本体調査）→郵送配布，郵送回収（インターネット回答を併用） ●企業アンケート調査，企業ヒアリング調査，貨物車走行実態調査，端末物流調査（以上補完調査）	※各種調査を組み合わせてデータを作成 ●航空：航空旅客動態調査（航空局） ●幹線鉄道：幹線鉄道旅客流動実態調査（鉄道局） ●幹線旅客船：幹線フェリー・幹線旅客船調査（総合政策局） ●幹線バス：幹線バス旅客流動調査（総合政策局） ●乗用車等：全国道路・街路交通情勢調査（道路局）	●産業別（鉱業・製造業・卸売業・倉庫業），都道府県別，従業者規模階層別に抽出 ●3日間流動調査 ●年間輸送傾向調査 →郵送配布・郵送回収（インターネット回答を併用）	※各種調査を組み合わせてデータを作成 ●鉄道：JR旅客6社の地域流動データ，民鉄各社報告および鉄道輸送統計調査 ●旅客船：旅客船旅客県間流動調査 ●定期航空：航空輸送統計年報 ●自動車：自動車輸送統計，乗合バス旅客県間流動調査	※各種調査を組み合わせてデータを作成 ●鉄道：JR貨物の地域流動データ ●海運：港湾統計（甲種港着貨物）に他の港湾貨物を補完して作成 ●自動車：自動車輸送統計
●事業所機能調査 ・施設の立地（所在地，事業所開設年，立地に際して重要視した要因），施設の規模等（従業者数，敷地の形態，土地の所有形態，敷地面積・延床面積，出荷額，販売額），施設の種類，施設の機能，施設の物流特性（物資の搬出入の有無，主要な取扱品目，物資の種類，搬出入の圏域，国際海上コンテナ利用の有無），搬出物資の在庫量等 ・施設の搬出・搬入物流量（搬出入物資の重量，利用した貨物車台数，利用輸送手段別の貨物量，貨物車台数），物流や貨物車の特性（着時刻指定の割合，貨物車の平均積載率） ・搬出先・搬入元（住所，箇所数，業種，施設種類，物資の重量・品目，輸送手段，利用した貨物車台数，国際海上コンテナの利用有無）	●全国幹線旅客純流動調査としての調査項目 ・出発地，目的地，旅行目的，宿泊の有無，旅行日数，利用券種，乗降地点，アクセス，イグレス，同行者数など ・個人属性（性，年齢，職業，居住地等）	●3日間流動調査 出荷日，出荷品目，荷受人業種，出荷重量，出荷時の輸送機関，代表輸送機関，輸送経路，代表輸送機関の選択理由，届先施設，貨物届先地，高速道路利用の有無，利用高速道路IC名，一般道利用の有無，コンテナ利用の有無，到着日時指定の有無，出荷時刻，物流時間，輸送費用 ●年間輸送傾向調査 品類別出荷重量，代表輸送機関割合，輸出重量，入荷重量，輸入重量，出荷先都道府県割合，国内出入荷に際して利用される鉄道貨物駅・港湾，空港・IC名，輸出入に際して利用される港湾・空港名，事業所開設年次	●公表データ ・輸送機関別旅客輸送量（全国輸送量） ・府県相互間輸送人員表 ・自動車航送輸送人員表（都道府県間）	●公表データ ・品目別輸送機関別貨物輸送量（全国輸送量） ・府県相互間輸送トン数表（総貨物および9品目分類） ・府県相互間輸送トン数表（32品目分類） ・航空貨物府県相互間輸送量表
●事業所機能調査 調査対象事業所数：約14万事業所，有効回収数約4万4千事業所（回収率32％）	平成27年調査実績 ●航空：平日16.6万人（63.6％） 休日21.1万人（69.6％） ●幹線鉄道：平日5.8万人（6.8％） 休日7.0万人（7.5％） ●幹線旅客船：平日0.5万人（35.7％） 休日0.7万人（31.8％） ●幹線バス：平日2.9万人（31.9％） 休日4.3万人（29.3％） ●乗用車等：平日70万人（41.4％） 休日131万人（47.0％） ※括弧内は抽出率（有効サンプル数÷輸送実績）	●3日間流動調査 対象事業所数：64 917（抽出率11.1％），回収数：22 746（回収率36.5％） ●年間輸送傾向調査 同上	●輸送機関，調査毎	●輸送機関，調査毎
ゾーン別・業種別などで拡大	輸送機関ごとに実績値ベースで拡大	事業所毎に出荷額ベースで拡大	輸送機関，調査毎	輸送機関，調査毎
中ゾーン（市区町村を分割・統合）	都道府県（三大都市圏内は除く）	都道府県	都道府県	都道府県
●都市圏内の物資流動，貨物車の流動を把握できる	●実際の出発地と目的地，旅行目的，交通機関の乗り継ぎ状況等が把握できる ●日常生活圏を越える旅客流動を対象としており，県内々および3大都市圏内々の旅客流動は把握できない	●貨物の真の発着地，流動量，産業間の貨物の流動を把握できる ●各輸送機関，輸送経路の分担・補完関係が明確に把握できる	●都道府県間の旅客流動（総流動）が機関別に把握できる ●時系列（1年間隔）でデータを把握できる	●都道府県間の貨物流動（総流動）が機関別に把握できる ●時系列（1年間隔）でデータを把握できる
○	×	×	×	×
×	○	×	×	×

量，地域間の流動量や輸送量，サービス提供主体の活動内容（施設の建設と保有，輸送機器の生産，経営・財務，労働，安全・事故，環境エネルギーなど）が把握される。

3.1.3 統計の作成方法[2]

一般に統計は作成方法の違いから，**調査統計**と**加工統計**の二つに区分される。このうち調査統計は，統計の作成を目的に実施される調査から得られる統計であり，調査データそのものを整理していることから**一次統計**とも呼ばれる。調査統計には，市民や利用者に対して直接アンケート調査を実施したものと，政策分野の企業の活動を調査したものの二つがある。交通分野における前者の例として，パーソントリップ調査，道路交通センサス，大都市交通センサスなどが挙げられる。これらは調査規模が大きく費用を要するため，一定の間隔をおいて実施されることが多い。後者の例として，鉄道輸送統計調査，航空輸送統計調査などが挙げられる。これらは事業者の経営資料を基に調査されることが多いため，一《ひと》月，四半期，1年などの間隔でまとめて公表されることが多い。

一方，加工統計は，一次統計を加工して作成した統計で**二次統計**とも呼ばれる。鉄道事業者のデータや自動車輸送統計調査，航空輸送統計調査のデータなどを加工して作成している旅客地域流動調査をはじめ，全国幹線旅客純流動調査，産業連関表なども，さまざまな一次統計を用いた加工統計である。

ここで，都市内および都市間の流動を対象としたおもな交通統計調査の内容を整理したものを**表 3.1**（30，31 ページ）に示す。実施主体ごとの交通計画策定を目的としてさまざまな調査が実施され，活用されている。

3.2 大規模な交通統計調査

3.2.1 移動の単位

交通統計調査における移動の単位には，「人」，「台」，「トリップ」などがあるが，このうち**トリップ**（trip）とは，ある目的（例えば，通勤や買い物など）を持って起点から終点へ移動する際の一方向の移動を表す概念であり，同時にその移動を定量的に表現する際の単位となる。

具体的には，**図3.1**に示したような人の動きについて，自宅から勤務先までの移動を「出勤」という一つの目的を達成するためのトリップと捉える場合，この一連の移動を**リンクトリップ**（linked-trip，あるいは**目的トリップ**，**純流動**）という。一方，徒歩・バス・鉄道・徒歩による各トリップは，一つの交通手段による移動を単位としており，これを**アンリンクトリップ**（unlinked-trip，あるいは**手段トリップ**，**総流動**）という。すなわち図3.1の場合は，1リンクトリップ（一つの目的）が4アンリンクトリップ（四つの手段）で構成されていることになる。

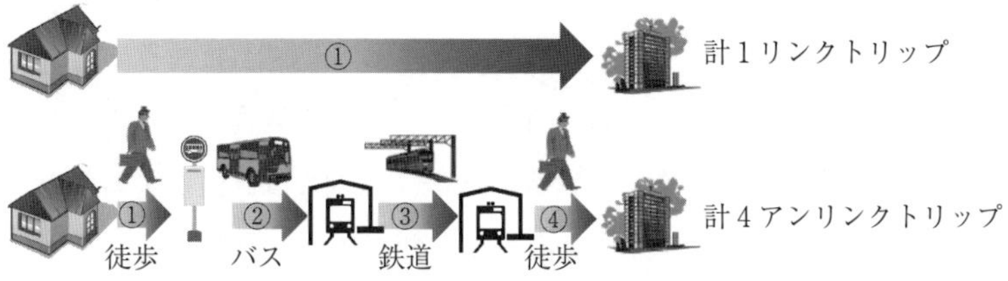

図3.1　トリップの概念

ここで，利用した交通手段の中でおもなものを**代表交通手段**（principal transportation means）といい，その優先順位は，例えば後述するパーソントリップ調査では，「鉄道 — バス — 自動車 — 二輪車 — 徒歩」の順となっている。

なお，トリップの発着地点のことを**トリップエンド**（trip end）という。また，1日のトリップは複数回行われることが一般的であり（例えば，通勤 — 私事 — 帰宅など），これを**トリップチェーン**（trip chain）という。

3.2.2 ゾ　ー　ン

トリップの起終点を空間的に集計するために対象地域全体をいくつかの地区

に分割することを**ゾーニング**（zoning）といい，分割された地区を**ゾーン**（zone）という。同一ゾーン内に起点・終点があるトリップを**内々トリップ**，異なるゾーン間のトリップを**ゾーン間トリップ**という。

各ゾーンには，幾何的な中心や人口重心に**ゾーン中心点**（セントロイドともいう）を設定する。4章で説明する交通需要予測においては，ゾーン内の地点はすべてゾーン中心によって代表されることとなる。ゾーンの範囲や大きさは，分析対象の施設等の影響範囲や要求される予測精度などに応じて，適切に設定する必要がある。

3.2.3　パーソントリップ調査[4)]

パーソントリップ調査（person trip survey，PT 調査）は，都市圏におけるある1日（多くの場合，秋季平日1日）の人の動きを把握するための調査であり，おもに人口規模30万人以上の都市圏を対象に，国土交通省や地方自治体などが実施している。調査対象は，住民基本台帳から無作為に抽出された世帯の5歳以上の構成員全員であり，調査方法は，最近では郵送による配布・回収（Web 回収同時実施）が多く，調査内容は，個人属性，移動目的，利用交通手段，発着地の施設，発着時刻などである。例として，第5回東京都市圏パーソントリップ調査（2008年）の調査票の一部を**図3.2**に示す。

パーソントリップ調査は，1966（昭和41）年に広島都市圏において実施されて以来，全国各都市で実施されており，複数回行っている都市圏も多い（**図3.3**参照）。例えば東京都市圏の場合，1968（昭和43）年に第1回のパーソントリップ調査が実施されて以降10年ごとに行われており，2018（平成30）年に第6回のパーソントリップ調査が実施されている。

パーソントリップ調査の特徴として，地域全体の交通量を量的に扱うだけでなく，一人一人に着目して，乗り継ぎを含めて実際の出発地から目的地まで一連の移動を把握していることが挙げられる。都市圏における複雑で多様な交通実態を把握し，円滑な都市機能を確保するための検討が可能であり，総合的な将来交通計画・マスタープランの策定や都市交通における個別課題への対応，

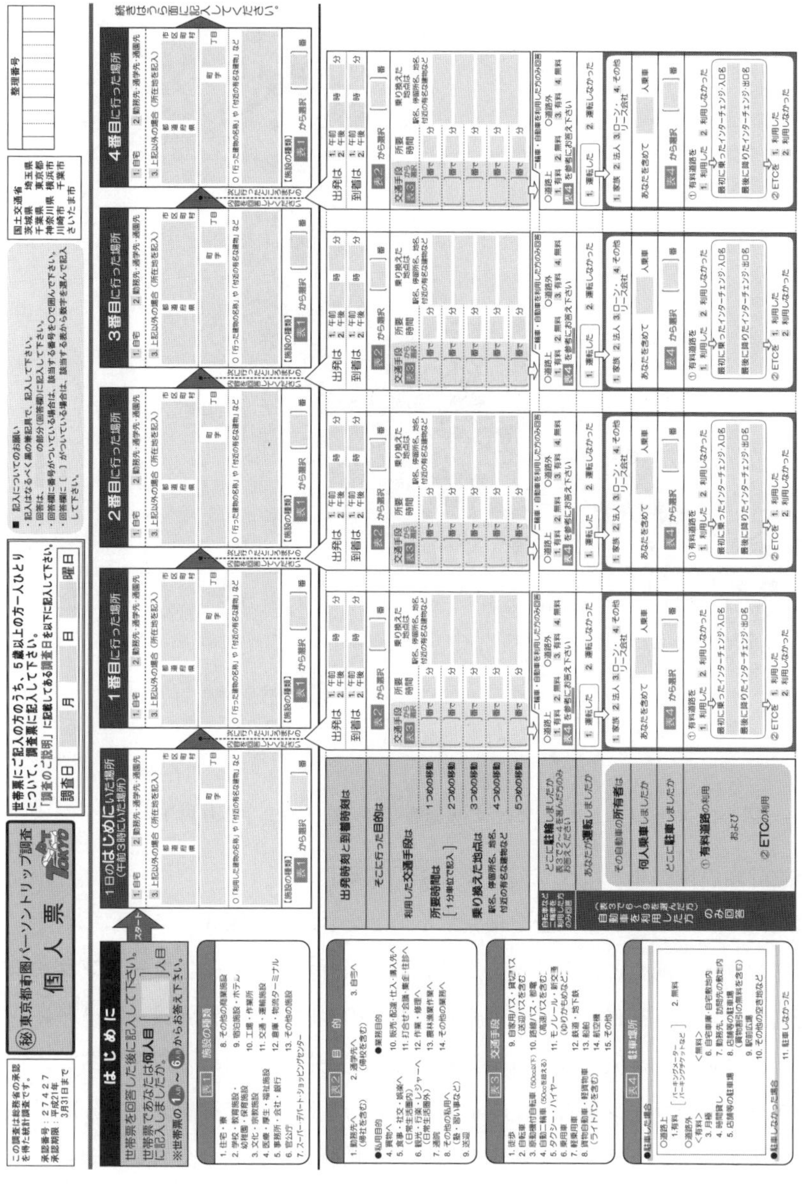

出典：東京都市圏交通計画協議会：東京都市圏パーソントリップ調査 PT データ利用の手引き（2011）

図 3.2　第 5 回東京都市圏パーソントリップ調査の調査票（個人票）[5]

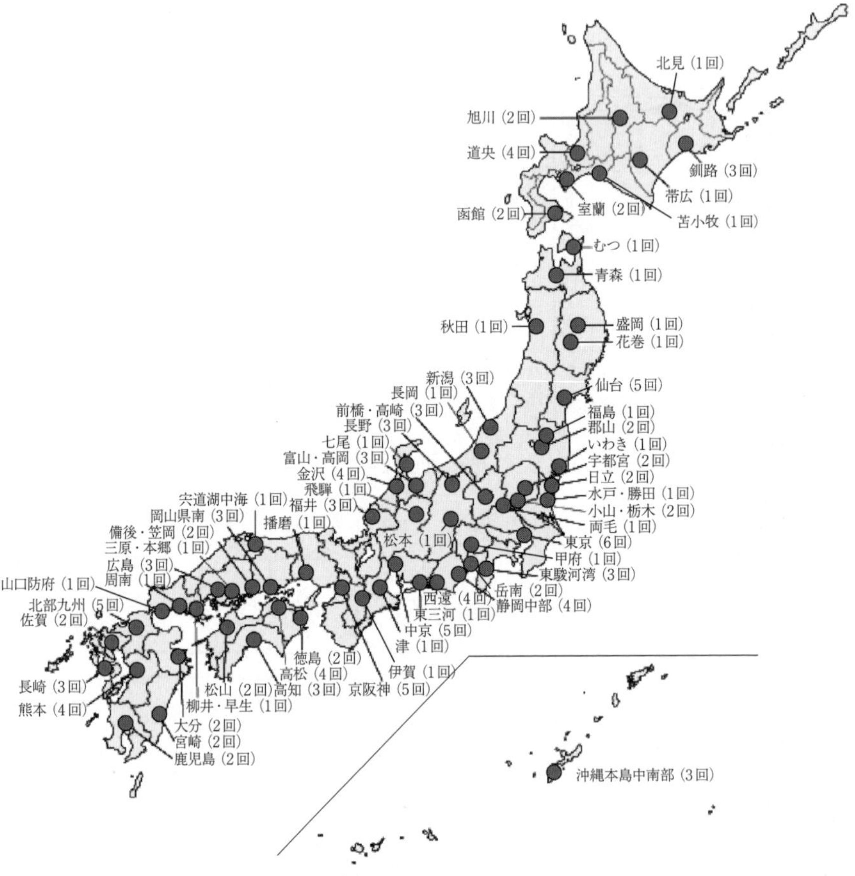

図3.3　パーソントリップ調査の実施都市の一覧（2019年4月現在）[4]

特定施設計画の検討などに役立てることができる。

なお，パーソントリップ調査を補完することを目的に，**図3.4**に示したようなコードンライン調査とスクリーンライン調査が行われている。**コードンライン調査**（cordon line survey）は，調査対象地域の範囲を示す外周線（コードンライン）を設定し，対象地域に流出入する移動を把握するための調査である。また，**スクリーンライン調査**（screen line survey）は，調査対象地域を分割する断面（スクリーンライン）を設定し，そこを横断する自動車交通量を観測し

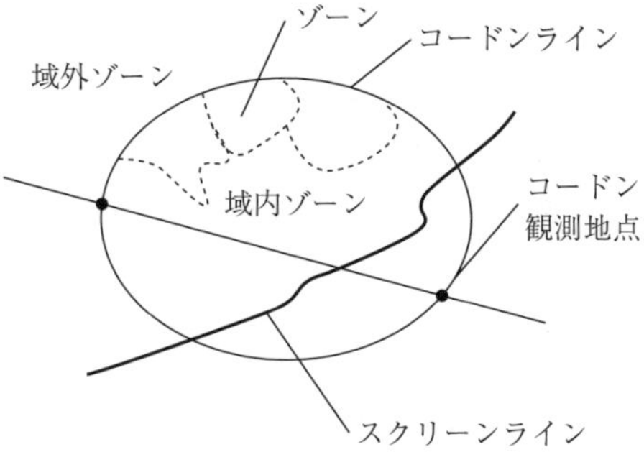

図 3.4 コードンラインとスクリーンライン

て，PT データの精度を検証するための調査である。スクリーンラインには河川や鉄道が利用されることが多く，橋梁《りょう》や踏切地点で交通量を観測する。

コ ラ ム

パーソントリップ調査における「拡大」作業

パーソントリップ調査は標本調査（サンプル調査）であることから，対象地域全体の交通状況を把握するためには，標本（サンプル）から統計的手法を用いて全体を推定する必要がある。この作業は「拡大」と呼ばれている。

「拡大」作業では，一般に有効回収率の逆数を拡大係数として設定するが，抽出された標本は母集団の特性（性別，年齢構成など）を完全に反映していないため，個人属性による有効回収率の差異や，地域特性に基づく有効回収率の差異を考慮して拡大係数を設定する[3]。これは，そのような層別の拡大を行わないと，ある個人属性のトリップ，あるいはある地域の居住者のトリップの総数が，過小推計または過大推計されてしまうためである。

3.2.4 全国道路・街路交通情勢調査（道路交通センサス）[6, 7]

道路交通センサス（road traffic census）は，全国の道路や交通の状況，自動車の利用状況を把握するための調査であり，全国を対象に国土交通省がおおむね 5 年間隔で実施している。調査は，**自動車起終点調査**と**一般交通量調査**から構成される。

コラム

全国都市交通特性調査（旧全国都市パーソントリップ調査）[4)]

パーソントリップ調査は，一定規模以上の都市圏を対象とした総合的な都市交通マスタープランの策定を目的としていること，同一時点の調査データではないことから，全国の都市を規模別に分類し，都市における交通特性を把握することには活用できない。そのため，都市規模と都市の交通特性との関係を明らかにすることを目的とする全国都市交通特性調査（1999（平成11）年まで全国都市パーソントリップ調査と呼称）が，おおむね5年から7年間隔で実施されている。2015（平成27）年の調査では，70都市の各500世帯（5歳以上）を対象に実施され，都市別や個人属性別の人の動き（移動目的や利用交通手段など）などが把握された。

自動車起終点調査では，① オーナーインタビューOD調査（車の使用者や所有者に対して，車の1日の動き（利用目的，目的地，駐車場所など）をアンケート方式で把握する調査），② 高速OD調査（高速道路株式会社（NEXCO）が実施し，料金所にて調査票を配布して郵送回収する。ETC利用者へはインターネットアンケート調査を行う）が実施されている。

一方，一般交通量調査では，① 交通量調査（道路上の調査地点を通過する車の台数を計測する調査），② 旅行速度調査（道路を走行する自動車の平均速度を計測する調査），③ 道路状況調査（車線数，車線幅員，交差点数，歩道の有無等の道路の状況を把握する調査）が実施されている。なお，2015（平成27）年に実施された調査では，ITS（高度道路交通システム，10章参照）の普及進展を踏まえ，交通量調査では機械観測の推進や既存の交通量調査結果の活用が，旅行速度調査ではETC2.0プローブデータの活用や調査区間の細分化が行われるなど，データ収集の高度化，効率化が図られている。

これらの調査結果は，交通量データを利用した渋滞状況の把握や将来交通量推計の基礎データとして，また，道路計画の立案や道路の維持・修繕，環境影響評価，NO_x 等の排出原単位や排出量の算定などに幅広く活用されている。

3.2.5 大都市交通センサス[8)]

大都市交通センサス（metropolitan transportation census）は，首都圏，中京圏，近畿圏の三大都市圏における大量公共交通機関（鉄道，バス）の利用実態を把握するための調査であり，国土交通省が交通事業者の協力のもと，1960（昭和 35）年から 5 年ごとに実施している。

調査は，**鉄道調査**，**バス調査**から構成される。鉄道調査，バス調査では，① 利用者調査（利用者の移動目的，利用区間，出発・到着時刻，乗降時刻などを把握），② OD 調査，③ 輸送サービス実態調査（各路線の輸送力などを把握）が行われる。また，鉄道調査では乗り換え施設実態調査が行われており，調査対象となる乗り換え駅における乗り換え施設の整備状況や乗り換え時間などの調査が行われている。

これらの調査結果は，三大都市圏における公共交通ネットワークの利便性向上，交通サービスの改善の検討などの基礎資料として活用されている。

3.2.6 国 勢 調 査[9)]

国勢調査（population census）は，わが国の人口の状況を明らかにすることを目的に，国内に常住するすべての者を対象とした全数調査であり，総務省が 5 年ごとに実施している。調査は，10 年ごとの大規模調査と，その中間年の簡易調査とに大別される。調査項目は，世帯員に関する事項と世帯に関する事項とに分類され，前者には性別，年齢，国籍等が含まれ，後者には収入，住宅の種類，住宅の床面積が含まれる。

交通にかかわる調査項目として，「従業地または通学地」，「従業地または通学地までの利用交通手段」があり，後者は大規模調査のみの項目である。

3.2.7 全国幹線旅客純流動調査[10)]

全国幹線旅客純流動調査（inter-regional travel survey）は，航空，幹線鉄道，幹線旅客船，幹線バス，乗用車等の交通機関を利用した都道府県（三大都市圏内は除く）を越える旅客流動について，旅客一人一人に着目し，乗り継ぎを含めた実際の出発地から目的地までの流動を把握するための調査であり，国土交通省が1990（平成2）年から5年ごとに実施している。

全国幹線旅客純流動調査は，既存の五つの調査（航空旅客動態調査，幹線鉄道旅客流動実態調査，全国道路・街路交通情勢調査，幹線旅客船調査，幹線バス旅客流動調査）によるデータを用いて，1日および年間への拡大処理や複数の交通機関を乗り継ぐ旅客の重複処理を行っている。これらの調査は，秋期の平日および休日1日（休日は2005年の第4回調査で初めて実施）に幹線交通機関を利用した者を対象に実施されており，第4回以降の調査では，自動車を除く公共交通機関で調査実施日の統一化が図られている。

調査項目は，出発地，目的地，居住地，旅行目的，乗り継ぎ地点，アクセス・イグレス交通機関，旅行日程，性年齢などであり，平日・休日・年間の都道府県間流動表，207生活圏間流動表，トリップデータが公表されている。

これらの調査結果は，旅客流動実態の把握や将来需要予測，都市間の幹線交通政策や施設整備計画の基礎となる分析に活用されている。特に一人一人のトリップデータが整備されており，交通機関選択モデルなど交通行動モデルの構築に有効である。

3.2.8 物資流動調査[11)]

物資流動調査（goods movement survey）とは，交通の主体の一つである物に着目し，その動きとそれに関連する貨物自動車の動きを把握することを目的とした調査である。これまで大都市圏では，東京（5回），京阪神（5回），中京（5回）で，地方中枢都市圏では，仙台（3回），北部九州（3回），道央（1回）で実施されている。

2013（平成25）年に実施された第5回東京都市圏物資流動調査では，物流施設を事業所という単位で捉え，個々の事業所の物流機能および立地特性，発生集中量，搬出・搬入圏域といった基礎的な情報を把握することを目的に調査票を郵送（一部訪問を含む）で配布・回収する方法で実施された。

3.2.9　全国貨物純流動調査（物流センサス）[12)]

全国貨物純流動調査（物流センサス）は，総合的な交通施設整備計画などの策定に資することを目的とし，貨物流動の実態を輸送需要者側から捉え，貨物の真の発着地，産業活動との関連などを明らかにするための調査で，国土交通省が1970（昭和35）年以降，5年ごとに実施している。

対象地域は全国であり，貨物の真の発地を把握するため，企業単位ではなく事業所単位で実施している。対象産業は貨物の出荷量の多い鉱業，製造業，卸売業，倉庫業の4産業，対象貨物は生産・仕入・販売活動等に伴って調査対象事業所に出入荷される原材料，製品，商品などの物資となっている。ただし，連絡文章・カタログ等の書類，空コンテナ，空パレット等の返送，生産・販売活動とは直接関連のない事業系の一般廃棄物は対象外としている。

3.3　その他の交通統計調査[2), 13)]

3.2節で紹介した以外のおもな交通統計調査として，**自動車輸送統計調査**，**鉄道輸送統計調査**，**航空輸送統計調査**など，国が政策分野の企業などの活動を調査したものがある。自動車輸送統計調査は自動車の使用者を対象に，輸送回数，走行距離，輸送貨物の重量・品目，輸送人員等の項目を，鉄道輸送統計調査は全国の鉄道事業者，軌道経営者を対象に，旅客営業キロ，旅客数量，旅客人キロ，旅客収入等の項目を，航空輸送統計調査は航空事業者等を対象に，航空機稼動時間，燃料消費量，輸送実績等の項目をそれぞれ調査しており，交通政策や交通計画の基礎資料として活用されている。

また，これらの一次統計を加工した統計調査として**旅客地域流動調査**と**貨物地域流動調査**がある。旅客地域流動調査では輸送機関別旅客輸送量（全国・地域別），輸送機関別輸送人員表（16地域間・都道府県間）などのデータが，貨物地域流動調査では府県相互間輸送トン数（32品目分類），府県相互間輸送トン数（総貨物および9品目分類），23地域相互間輸送トン数（32品目分類），23地域相互間輸送トン数（総貨物および9品目分類）などのデータが提供されている。

3.4　ICTを活用した交通調査[3]

ICT（information and communication technology：**情報通信技術**）や**GNSS**（global navigation satellite system：**全球測位衛星システム**）などの位置計測技術の進展により，スマートフォンやICカード，各種センサーから多くのデータが生成されるようになった。このような大量のデータ（ビッグデータ）を活用した交通調査方法が開発，実用化されている。

GPS携帯を用いた代表的な調査として，携帯電話とWebダイアリー調査を組み合わせた**プローブパーソン調査**が挙げられる。具体的には，出発時，経由

表3.2　ビッグデータの概要[14]

			データの元情報	対象者	主な分析項目	位置情報単位	計測時間間隔	移動手段	移動目的	個人属性
交通関連ビッグデータ	全手段	携帯電話基地局データ	携帯電話が基地局と交信した履歴	各キャリアの携帯電話利用者	OD 滞留人口	基地局単位 数百m～数km	1時間	一部推定可能	－	性，年齢
		GPSデータ	スマートフォン等のGPSで測位した緯度経度情報	特定のアプリの利用者	OD 滞在時間 利用経路	緯度経度単位	数分～	一部推定可能	一部推定可能	性，年齢等把握可能な場合あり
		Wi-Fiアクセスポイントデータ	Wi-Fi機能を使用している携帯電話がWi-Fiアクセスポイントと交信した履歴	各Wi-Fiサービスの利用者	OD 滞在時間 利用経路	アクセスポイント単位	数秒～	一部推定可能	－	－
	鉄道・バス	交通系ICカードデータ	改札等でICカードリーダーで読み取ったICカード利用履歴	鉄道，バスの乗車時のICカード利用者	駅間OD・ バス停間OD	駅・バス停	数秒～	鉄道・バス	－	性，年齢等把握可能な場合あり
	歩行者	カメラの画像検出	カメラで撮影した画像	特定地点を通過した人すべて	地点交通量	特定地点	数秒～	歩行者	－	性，年齢等推定可能な場合あり
PT調査			統計的精度を確保したアンケート調査（10年に一度程度実施）	都市圏居住者2～10％の抽出率	OD 滞留人口	ゾーン	1分～	○	○	性，年齢，世帯構成など

時，到着時に携帯電話を操作することで，移動目的や利用交通手段のデータを取得することが可能であり，Web ダイアリーシステムを利用することで，携帯電話より収集された移動情報の確認や，機器の操作を忘れた際の修正が可能となる。プローブパーソン調査は，従来の質問票による調査より正確な情報を取得でき，また複数日にわたる調査が可能であることから，交通機関のサービス水準の把握や観光地における周遊行動調査，物流調査などさまざまな調査に適用性が高く，これまで多くの事例がある。

ここで，人の位置情報を把握できる交通関連のビッグデータを**表 3.2** に示す。携帯電話基地局データ，GPS データ，Wi-Fi アクセスポイントデータは特定の交通手段に限らず人の移動を把握できるデータである。交通系 IC カードデータからは，バスや鉄道利用者の駅間やバス停間の移動を把握できる。

このように ICT を用いた調査方法の開発によって，交通調査の高度化が図られつつある。交通計画の策定においては，これらのデータの特徴を把握した上で，目的に合った交通調査手法を選定することが重要である。

3.5　交通統計調査の活用

これまで述べてきた交通統計調査は，交通計画を策定する上で不可欠な現状把握をおもな目的として実施されるものであるが，将来交通需要の予測やその検証にも活用されている。具体的には，交通需要予測において基本的な情報である OD 表（人あるいは物がどこからどこへ移動しているかを表形式で整理したもの，4 章で説明）の作成や，交通手段選択や経路選択などの人々の交通行動のモデル化とその検証などに用いられている。

図 3.5 は，鉄道需要予測における活用例を示したものである。発生・集中交通量，分布交通量，機関別交通量の推計モデルの構築にはパーソントリップ調査が，路線別交通量の推計モデル（経路選択モデル）の構築には大都市交通センサスがそれぞれ用いられている。

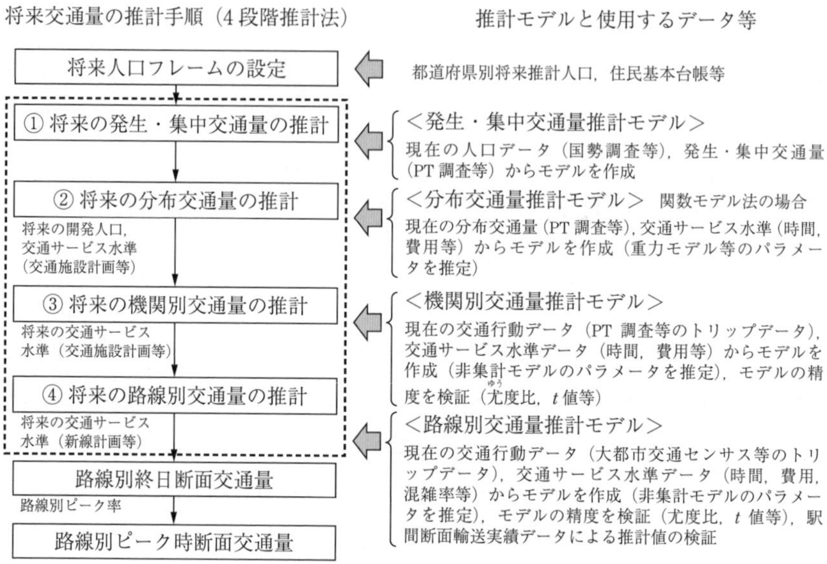

図 3.5　交通統計調査の活用（鉄道需要予測の場合）

演 習 問 題

〔**3.1**〕 統計調査の種類を二つ挙げて，それらの内容を述べよ。

〔**3.2**〕 トリップについて，つぎの設問に答えよ。

（1） トリップの定義を述べよ。

（2） つぎの文の（　）に適当な数を入れよ。

ある人の通勤のための移動［自宅→（自転車）→駅→（鉄道）→駅→（徒歩）→勤務先］をリンクトリップでカウントすると（　）トリップとなり，アンリンクトリップでカウントすると（　）トリップとなる。

〔**3.3**〕 つぎの交通統計調査の対象を述べよ。

パーソントリップ調査，　道路交通センサス，
大都市交通センサス

4章 交通需要予測

◆本章のテーマ

本章では，まず，交通需要予測の目的や意義について述べた上で，全体的な予測の流れを説明する。つぎに，代表的な予測手法である４段階推計法の各段階（発生・集中，分布，分担，配分の各交通量の推計）における具体的な推計方法について，例題を交えて詳しく解説する。

◆本章の構成（キーワード）

4.1　交通需要予測の概要
　　短期・中期・長期予測
4.2　交通需要予測の流れ ―４段階推計法―
　　OD表（起終点表），ネットワーク，リンク，ノード
4.3　生成交通量の推計方法
　　コントロールトータル値，原単位法，関数モデル法
4.4　発生・集中交通量の推計方法
　　原単位法，クロス分類法，関数モデル法
4.5　分布交通量の推計方法
　　現在パターン法，関数モデル法（重力モデル）
4.6　分担交通量の推計方法
　　非集計行動モデル，効用，ロジットモデル，パラメータ推定
4.7　配分交通量の推計方法
　　最短経路探索，分割配分法，利用者均衡配分法

◆本章を学ぶと以下の内容をマスターできます

☞　交通需要予測の流れ
☞　四段階推計法の各段階における推計方法

4.1　交通需要予測の概要

交通需要予測（travel demand forecasting）は，交通計画を策定する上できわめて重要な作業である。例えば，国や地方自治体，交通事業者などが，道路，鉄道，空港などの交通施設整備の計画を立案する際，将来の需要動向を基礎的な情報として費用対効果分析や財務分析を行っている。

一般に交通需要予測は，対象とする時期によって短期，中期，長期と区分される。短期予測（おおむね1～5年以内）は施設の運用計画や管理計画のための予測であり，過去の実績に基づいて予測することが多い。中期予測（おおむね5～10年）は施設の整備計画や設備投資計画のための予測，長期予測（おおむね10年以上）は国の長期的な基本計画策定のための予測であり，人口動態やマクロ経済指標，産業構造の変化などが考慮される。中期および長期の予測では，後述する4段階推計法が用いられることが多い。

交通需要予測の手法については，これまで長い間理論および実証の両面から研究が積み重ねられており，現在においても，政策や実務におけるニーズに応じてさまざまな視点からの改良が続けられている。

4.2　交通需要予測の流れ ― 4段階推計法 ―

まず，交通需要予測の基本的な流れを理解するため，**図4.1**のようなA～Eの五つの地点間を結ぶ新交通システムを整備するにあたって何人くらいの人が利用するかを予測することを考えてみる。ここで，新交通システムを利用するのはA→Bに移動する人だけでなく，C→B，D→B，C→Eとさまざまであり，もちろん，自動車を利用する人もいる。このように多数の組み合わせが生じることから，交通需要予測では**OD表**というマトリックスで整理する。ODとはorigin（**起点**）とdestination（**終点**）の頭文字であり，**起終点表**とも呼ばれている。

なお，道路や鉄道などの施設は，交差点や駅などを表す**ノード**と，ノード間

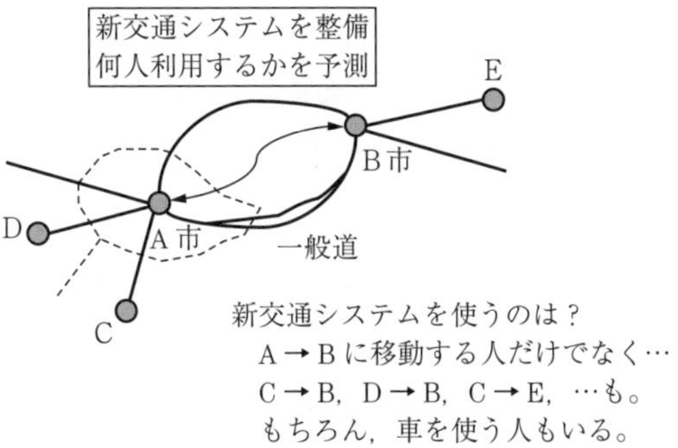

（a）　ネットワーク

	A	B	C	D	E	計
A	200	100	50	30	60	440
B	100	…	…			
C	…	…				
D	…					
E						
計	440					

（b）　OD 表（起終点表）

図 4.1　交通需要予測の基本的な考え方

をつなぐ**リンク**（道路や鉄道などの区間）で構成される**ネットワーク**として表現される。

OD 表の作成は，つぎのような段階を踏んで行われる。第一に，対象地域における総交通量（これを**生成交通量**という）を推計する。第二に，この値をベースにして OD 表の外側を推計する。具体的には，A 市から出発する交通量（これを**発生交通量**という）が何によって決まるかを考える。例えば通勤目的での移動の場合，A 市に居住して職に就いている人（就業者数）が多いほど発生交通量も多く，業務目的での移動の場合，A 市で仕事に従業する人（従業者数）が多いほど取引や商談などで移動する人も多くなる。すなわち発生交通量は，これらの変数と関係があると考えられる。

同様に，B 市に到着する交通量（これを**集中交通量**という）が何によって決まるかを考える。例えば通勤目的での移動の場合，B 市の従業者数が多いほど，業務交通なら同じく従業者数が多いほど集中交通量も多くなる。すなわち集中交通量は，これらの変数と関係があると考えられる。

第三に，A 市から発生する交通量のうち B 市へ行くのがどのくらいか（これを**分布交通量**あるいは **OD 交通量**という）を考える。人が移動するのは，通勤や通学，業務，私事（買い物，レジャー等）などなんらかの目的のためであり，到着地は会社や学校，取引先の会社，商業施設がある場所などである。

このような場所は個人個人で異なるが，これを大まかに見ると，立地など魅力がある場所には多くの会社などが集まっており，商業施設なども同様の傾向にある。一方で，出発地（多くは居住地）からの距離も重要であり，遠方のところには，たとえ魅力が高くても行くのに抵抗がある。したがって分布交通量は，これらの変数を持つ関数で表現できることがわかる（これは，**重力モデル**あるいは**グラビティモデル**と呼ばれている）。

第四に，A 市から B 市へ行く人のうち，新たに整備される新交通システムを利用する人や従来どおり自動車を利用する人はどのくらいか（これを**分担交通量**という）を考える。新交通システムを利用する人は，車を利用する人と比べて目的地により早く着きたい，より安く行きたいと考えていると思われる。したがって分担交通量は，これらの変数を持つ関数で表現できると考えられる。

第五に，分担交通量を基に，道路の経路交通量（あるいはリンク交通量）や新交通システムの駅間交通量（これらを**配分交通量**という）を求める。経路が複数ある場合，利用される経路の所要時間が等しくなるように配分される（4.7.1 項で説明する等時間原則）。

以上の手順で需要を予測する方法は，**4 段階推計法**（four-step demand fore-

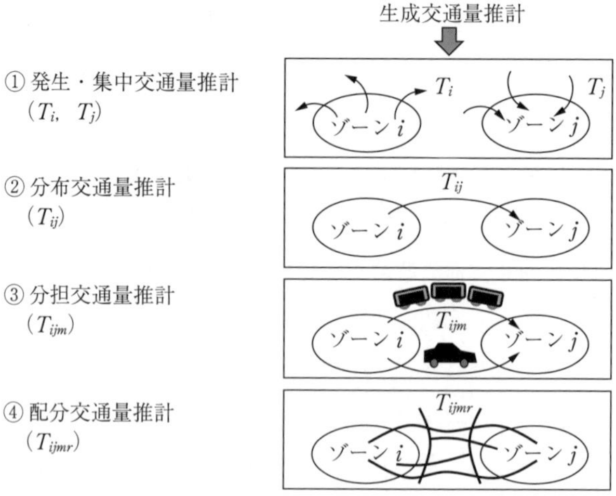

図 4.2　4 段階推計法のプロセス（トリップインターチェンジ型）

casting procedure）と呼ばれている（通常，4 段階推計法という場合，生成交通量の予測を除いた，発生・集中交通量の推計から配分交通量の推計までを指す)。4 段階推計法には，分布交通量の推計後におもにゾーン間の交通条件を用いて分担率を推計する**トリップインターチェンジ型**と，発生・集中交通量の推計後に各ゾーンの特性値を用いてゾーンの分担率を推計する**トリップエンド型**がある。**図 4.2** に，トリップインターチェンジ型のプロセスを示す。

4.3　生成交通量の推計方法

対象地域で発生する総交通量を**生成交通量**（trip production）という。生成交通量は，発生・集中交通量の推計における**コントロールトータル値**（上位モデルなどによって外生的に与えられる基準値）となる。将来の生成交通量の推計方法にはつぎのものがある。

成長率法：将来の成長率式を構築して生成交通量を求める。

原単位法：人口一人当りのトリップ数（生成原単位）を現況データから算出し，将来人口に乗じて生成交通量を求める。

関数モデル法：生成交通量を被説明変数とする需要関数（モデル）を作成し，各説明変数の将来値を導入することで求める。

なお，人口一人当りのトリップ数である生成原単位には，調査日当日に外出した人についてのみ集計した**ネット生成原単位**（net：正味）と，調査日当日に外出しなかった人も含めて集計した**グロス生成原単位**（gross：総計）の二つがあり，ネット生成原単位のほうがグロス生成原単位より大きい。

例題 4.1

生成交通量の推計 — 原単位法

表 4.1 のような現在の OD 表が与えられているとき，将来の生成交通量を求めよ。ただし，夜間人口一人当りの生成交通量（原単位）は，将来においても不変と仮定する。

表 4.1

（a） 現在の OD 表

ゾーン	A	B	C	計
A	22	12	9	43
B	11	43	11	65
C	10	10	22	42
計	43	65	42	150

単位：万トリップ/日

（b） 現在の夜間人口

	現在	将来
A	17	19
B	26	29
C	17	18
計	60	66

単位：万人

解答

まず，現在の生成交通量，総夜間人口を求める。

生成交通量：　$T = 43 + 65 + 42 = 150$ 万トリップ / 日

つぎに総夜間人口を求め，現在の生成交通量の原単位を求める。

総夜間人口：　$N = 17 + 26 + 17 = 60$ 万人

生成原単位：　$\dfrac{T}{N} = \dfrac{150}{60} = 2.5$ トリップ/人・日

将来の対象地域全体の夜間人口を求め，上で求めた生成原単位を乗じる。

夜間人口：　$M = 19 + 29 + 18 = 66$ 万人

将来の生成交通量：　$X = M \times \dfrac{T}{N} = 66 \times 2.5 = 165$ 万トリップ/日

4.4 発生・集中交通量の推計方法

発生・集中交通量（trip generation，trip attraction）は，当該ゾーンを起終点に持つ交通である。将来の発生・集中交通量の推計方法には，生成原単位と同様につぎのものがある。

原単位法：人口一人当り（または用途別敷地面積当り）のトリップ数（発生・集中原単位）を現況データから算出して，ゾーン別の将来人口（または敷地面積）に乗じて交通量を求める。

クロス分類法：性，年齢，職業等の属性別に，原単位を区分して推計する。

回帰モデル法：発生・集中交通量を被説明変数とする需要関数（モデル）を作成し，各説明変数の将来値を導入することで求める。説明変数の例としては，人口，自動車保有状況，商品販売額などが挙げられる。

一般に発生・集中交通量は，トリップ目的別に推計することが多い。代表的な目的としては，**通勤・通学・業務・私事・帰宅**などがあり，トリップ目的ごとにモデルの説明変数は異なる。

通勤：就業者数，夜間人口（発生交通量），従業者数（集中交通量）など
通学：学生数，夜間人口（発生交通量），学生収容数（集中交通量）など
業務：従業者数（発生・集中交通量）など

例題 4.2

発生・集中交通量の推計 ― 原単位法

例題4.1の結果を用いて，将来の発生・集中交通量を求めよ。ただし，夜間人口一人当りの発生・集中原単位は将来においても不変と仮定する。

解答

まず，ゾーンA～Cの現在の発生原単位，集中原単位を求める（**表4.2**（a））。つぎに，ゾーンごとの発生原単位，集中原単位に将来の夜間人口を乗じることで，将来の発生交通量，集中交通量を求める（表（b））。なお，推計した発生交通量，集中交通量の合計が生成交通量と一致しない場合，補正を行う必要がある。

表4.2

（a）　発生・集中原単位

発生原単位	A	2.53
	B	2.50
	C	2.47
集中原単位	A	2.53
	B	2.50
	C	2.47

単位：トリップ/人

（b）　将来の発生交通量

将来の発生交通量（将来の集中交通量も同じ）	A	48
	B	73
	C	44
	計	165

単位：万トリップ

4.5　分布交通量の推計方法

分布交通量（trip distribution）の推計方法は，**現在パターン法**と**関数モデル法**の二つがある。現在パターン法は，現在の OD パターンが将来も不変とする場合に用いる方法で，交通量の伸び率で将来を推計する。具体的な方法として，**均一成長率法**，**デトロイト法**，**フレーター法**などがある。ここで均一成長率法，デトロイト法の具体的な計算方法は，つぎのとおりである。

均一成長率法：(将来の分布交通量) = (現在の分布交通量) × (1/2){(発生交通量の成長率) + (集中交通量の成長率)}

デトロイト法：(将来の分布交通量) = (現在の分布交通量) ×{(発生交通量の成長率) × (集中交通量の成長率)} ÷ (生成交通量の成長率)

現在パターン法は，あらかじめ現在の OD 表が用意されていることが前提条件であり，大規模開発の土地利用条件の変化や交通施設整備による交通条件の変化などに伴って OD パターンが変化する場合には不向きである。

一方，関数モデル法は，現在の OD パターンが将来変化する場合に用いる方法であり，**重力モデル**（またはグラビティモデル），**エントロピーモデル**などがある。上述の土地利用条件やゾーン間の交通条件の変化を考慮できる点が特徴である。

例題 4.3

分布交通量の推計（1）— **現在パターン法**

表 4.3 のような現在の OD 表（分布交通量）が与えられているとき，現在パターン法の一つであるデトロイト法を用いて，将来の OD 表を作成せよ。なお，デトロイト法は，ゾーン i-j 間の分布交通量の成長率がゾーン i の発生交通量の成長率とゾーン j の集中交通量の成長率の積に比例し，生成交通量の成長率に反比例すると仮定する方法である（上記参照）。

表 4.3

（a）　現在の OD 表

ゾーン	A	B	C	計
A	22	12	9	43
B	11	43	11	65
C	10	10	22	42
計	43	65	42	150

単位：万トリップ/日

（b）　将来の OD 表

ゾーン	A	B	C	計
A				48
B				73
C				44
計	48	73	44	165

単位：万トリップ/日

解答

まず，生成交通量の成長率，各ゾーンの発生・集中交通量の成長率を求める。

$$\text{A}:\ \frac{48}{43}=1.116\cdots,\qquad \text{B}:\ \frac{73}{65}=1.123\cdots,\qquad \text{C}:\ \frac{44}{42}=1.047\cdots$$

$$\text{全体}:\ \frac{165}{150}=1.1$$

つぎに，デトロイト法に基づいてゾーン間の交通量を求める（**表 4.4**）。設定した許容誤差の範囲内に収まるまで，繰り返し計算を行う。

表 4.4

（a）　将来の OD 表（デトロイト法：1 次近似解）

ゾーン	A	B	C	計
A	24.9	13.7	9.6	48.2
B	12.5	49.3	11.8	73.6
C	10.6	10.7	22.0	43.3
計	48.1	73.7	43.3	165.1

単位：万トリップ/日

（b）　将来の OD 表（デトロイト法：2 次近似解）

ゾーン	A	B	C	計
A	24.8	13.5	9.7	48.0
B	12.4	48.5	11.9	72.7
C	10.8	10.8	22.7	44.3
計	48.0	72.7	44.3	165.0

単位：万トリップ/日

■

例題 4.4

分布交通量の推計（2）— 関数モデル法（重力モデル）

表 4.5 のデータを用い，次式で表される重力モデルのパラメータ α，β，γ を推定し，将来の分布交通量を推計せよ。

表 4.5

（a） 現在の OD 表

ゾーン	A	B	C	計
A	22	12	9	43
B	11	43	11	65
C	10	10	22	42
計	43	65	42	150

単位：万トリップ/日

（b） 将来の OD 表

ゾーン	A	B	C	計
A				48
B				73
C				44
計	48	73	44	165

単位：万トリップ/日

（c） 現在の所要時間

ゾーン	A	B	C
A	10	19	24
B	19	17	25
C	24	25	9

単位：分

（d） 将来の所要時間

ゾーン	A	B	C
A	6	11	13
B	11	10	14
C	13	14	6

単位：分

重力モデル： $$q_{ij}=\exp[\alpha]\frac{(O_iD_j)^{\beta}}{t_{ij}^{\gamma}}$$

q_{ij}：ゾーン i-j 間の交通量，　O_i：ゾーン i の発生交通量

D_j：ゾーン j の集中交通量，　t_{ij}：ゾーン i-j 間の所要時間

解答

重力モデルの式を次式のように対数変換し，重回帰分析（最小二乗法）を行い，パラメータを推定する。

$$\ln q_{ij}=\alpha+\beta\ln(O_iD_j)-\gamma\ln t_{ij}$$

ここで，推定に必要なデータを**表 4.6** のように整理する。重回帰分析の結果，決定係数は 0.77 とおおむね良好であり，パラメータは，$\alpha=-2.36$，$\beta=1.06$，$\gamma=1.12$ となる。

これより，q_{ij} はつぎのように表される。

$$q_{ij}=\exp[-2.36]\frac{(O_iD_j)^{1.06}}{t_{ij}^{1.12}}$$

構築した重力モデルに将来の発生・集中交通量，ゾーン間の所要時間を代入して，将来の分布交通量を求める（**表 4.7**）。なお，設定した許容誤差の範囲内に収まるまで，現在パターン法を用いて繰り返し計算を行う。

表 4.6

i	j	q_{ij}	$\ln q_{ij}$	O_i	D_j	O_iD_j	t_{ij}	$\ln t_{ij}$	$\ln(O_iD_j)$	$-\ln t_{ij}$
A	A	22	3.09	43	43	1 849	10	2.30	7.52	− 2.30
A	B	12	2.48	43	65	2 795	19	2.94	7.94	− 2.94
A	C	9	2.20	43	42	1 806	24	3.18	7.50	− 3.18
B	A	11	2.40	65	43	2 795	19	2.94	7.94	− 2.94
B	B	43	3.76	65	65	4 225	17	2.83	8.35	− 2.83
B	C	11	2.40	65	42	2 730	25	3.22	7.91	− 3.22
C	A	10	2.30	42	43	1 806	24	3.18	7.50	− 3.18
C	B	10	2.30	42	65	2 730	25	3.22	7.91	− 3.22
C	C	22	3.09	42	42	1 764	9	2.20	7.48	− 2.20

表 4.7

（a） 将来の OD 表（1 次近似解）

ゾーン	A	B	C	計
A	47.6	37.6	18.2	103.4
B	37.6	65.4	26.1	129.1
C	18.2	26.1	39.5	83.9
計	103.4	129.1	83.9	316.4

単位：万トリップ/日

（b） 将来の OD 表（3 次近似解）

ゾーン	A	B	C	計
A	20.5	19.1	8.6	48.2
B	19.1	39.2	14.6	72.9
C	8.6	14.6	20.7	43.9
計	48.2	72.9	43.9	165.0

単位：万トリップ/日

■

例題 4.4 で見たように，一般に重力モデルでは現在パターン法を用いた収束計算が必要となる。そのため，発生・集中交通量に制約条件を付加した二重制約型重力モデルが提案されている。次式で表される二重制約型重力モデルでは，現在パターン法による収束計算が不要なため，モデルの操作性の点で優れている。

$$q_{ij}=\frac{\alpha_i O_i \cdot \beta_j D_j}{t_{ij}^{\gamma}} \tag{4.1 a}$$

$$\sum_j q_{ij}=O_i, \qquad \sum_i q_{ij}=D_j \tag{4.1 b}$$

$$\alpha_i=\frac{1}{\sum_j \beta_j D_j t_{ij}^{-\gamma}} \tag{4.1 c}$$

$$\beta_j = \frac{1}{\sum_i \alpha_i O_i t_{ij}^{-\gamma}} \tag{4.1 d}$$

4.6 分担交通量の推計方法

4.6.1 非集計行動モデルの概要

分担交通量の推計方法には，分担率曲線，集計モデル，非集計行動モデルなどがあり，このうち最も多く用いられているのが**非集計行動モデル**（disaggregate behavior model）である。非集計行動モデルは，交通行動の単位としての**個人**あるいは**世帯**が利用可能な選択肢の中から最も望ましい選択肢を選択するという**合理的な行動**を仮定している。

非集計行動モデルは，交通政策に反映できるきめ細かな変数が導入できること，少数のサンプルでモデル化が可能なことなどの利点により，鉄道と自動車など交通機関の選択をはじめ，道路や鉄道の経路の選択，買い物先の選択，旅行先の選択，居住地の選択，外出の有無の選択，自動車保有の有無の選択など，交通にかかわるあらゆる選択の場面で適用されている。ここで，従来の集計モデルと非集計モデルの違いは，**表4.8**に示すとおりである。

表4.8　集計モデルと非集計モデルの違い[1)]

	集計モデル	非集計モデル
調査単位	個々のトリップ	個々のトリップ
分析単位	ゾーン 被説明変数：ゾーン集計値（連続量） 説明変数：ゾーン別データ	個人あるいは世帯 被説明変数：個人の選択（離散量） 説明変数：個人別データ
推定方法	回帰分析など	最尤推定法など
適用レベル	推定に用いたゾーン	任意
政策の表現	ゾーンの代表値の変化	個人の説明変数値の変化

4.6.2　非集計行動モデルの導出

〔1〕　**ランダム効用理論**　　ある選択肢の持つ望ましさは**効用**（utility）と呼ばれ，この効用は選択肢の持つ特性や個人の属性によって異なると考えられる。ここで選択肢とは，例えば鉄道，バス，自動車などであり，選択肢の持つ特性や個人の属性とは，時間，運賃，性・年齢，職業などである。

各個人は，選択可能なものの中から最大の効用を与える選択肢を選ぶと仮定した場合，この効用は**確率的に変動**すると考えられる。その理由は，個人の行動は気まぐれや習慣などつねに合理的選択に従うとは限らないこと，利用可能な選択肢の範囲やその特性について十分な情報がない場合があること，選択肢の特性データに測定誤差があることなどである。この概念は**ランダム効用理論**（random utility theory）といわれており，この理論では，各選択肢が選ばれる確率を示すことになる。

〔2〕　**モデルの導出**　　以上を踏まえて，非集計行動モデルを導出する。ある個人 n が，選択肢集合に含まれる選択肢 j の中から選択肢 i を選ぶのはつぎのときである。

$$U_{in} > U_{jn}, \qquad i \neq j \tag{4.2}$$

効用 U_{in} が確率的に変動する場合，選択肢 i を選ぶ確率は次式のように表される。

$$P_{in} = \Pr[U_{in} > U_{jn}] \tag{4.3}$$

効用 U_{in} のうち，観測可能な要因による確定項を V_{in}，観測不可能な要因による確率項（誤差項）を ε_{in} とすると，次式のように表される。

$$U_{in} = V_{in} + \varepsilon_{in} \tag{4.4}$$

式 (4.4) を式 (4.3) に代入すると次式のようになる。

$$\begin{aligned} P_{in} &= \Pr[U_{in} > U_{jn}] = \Pr[V_{in} + \varepsilon_{in} > V_{jn} + \varepsilon_{jn}] \\ &= \Pr[\varepsilon_{jn} < V_{in} + \varepsilon_{in} - V_{jn}] \end{aligned} \tag{4.5}$$

ここで式 (4.5) を理解するために，2 肢選択の場合（$i=1$，$j=2$）を考える。

$$P_{1n} = \Pr[\varepsilon_{2n} < V_{1n} + \varepsilon_{1n} - V_{2n}] \tag{4.6}$$

選択肢1が選択される確率 P_1 は，「選択肢2を選択したときの確率項の値 ε_2 が，選択肢1を選択したときに得られる効用差 $V_1+\varepsilon_1$ から選択肢2を選択したときに得られる確定項 V_2 を引いたものより小さくなる確率」であることを表している。ここで ε_1 と ε_2 の分布を**図 4.3** に示す[2)]。

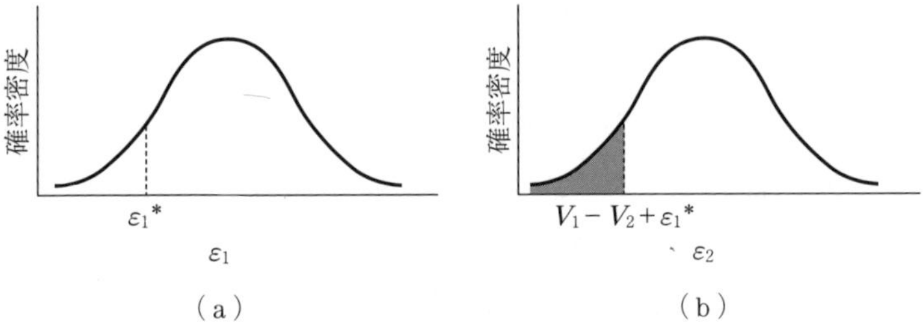

出典：山内弘隆，竹内健蔵：交通経済学，有斐閣（2002）

図 4.3　効用関数の誤差項の分布[2)]

$\varepsilon_1{}^*$ はさまざまな値をとり得るので，それぞれの $\varepsilon_1{}^*$ に対応して ε_2 が $V_1-V_2+\varepsilon_1{}^*$ より小さくなる確率を計算できる。すなわち上式の確率は，$\varepsilon_1=\varepsilon_1{}^*$ となるそれぞれの確率について，ε_2 が $V_1-V_2+\varepsilon_1{}^*$ より小さくなる確率を掛けたものの総和となる。より厳密には，ε_1 と ε_2 について同時確率密度分布を $f(\varepsilon_1, \varepsilon_2)$ とすると，P_1 は次式のように表される。

$$P_{1n}=\int_{\varepsilon_{1n}=-\infty}^{\varepsilon_{1n}=+\infty}\int_{\varepsilon_{2n}=-\infty}^{\varepsilon_{2n}=\varepsilon_{1n}+V_{1n}-V_{2n}} f\left(\varepsilon_{1n}, \varepsilon_{2n}\right)d\varepsilon_{2n}d\varepsilon_{1n} \tag{4.7}$$

ここで，確率項 ε_1 と ε_2 がガンベル分布に従い，累積分布関数が $F(\varepsilon)=\exp\{-\exp(-\varepsilon)\}$ で表され，両者がたがいに独立なとき，次式が成立する。

$$P_{1n}=\int_{-\infty}^{\infty} F\left(\varepsilon_{1n}, V_{1n}-V_{2n}+\varepsilon_{1n}\right)d\varepsilon_{1n}=\int_{-\infty}^{\infty} e^{-\varepsilon_{1n}}\exp\left(-e^{-\varepsilon_{1n}}e^{V_{2n}-V_{1n}}\right)d\varepsilon_{1n}$$

$$=\frac{1}{1+\exp\left\{-\left(V_{1n}-V_{2n}\right)\right\}}=\frac{\exp\left(V_{1n}\right)}{\exp\left(V_{1n}\right)+\exp\left(V_{2n}\right)} \tag{4.8}$$

このモデルを**ロジットモデル**（この場合は二項ロジットモデル）という。ロジットモデルでは，選択率は各効用の絶対値ではなく，相対的な差 V_2-V_1 のみで決まることが特徴である。

〔3〕 **モデルの種類**　上述したように，各選択肢の誤差項が独立で同一のガンベル分布に従うと仮定したモデルのうち，選択肢が二つの場合は**二項ロジットモデル**（binary logit model）と呼ばれ，次式のように表される。

$$P_{1n}=\frac{\exp\left(V_{1n}\right)}{\exp\left(V_{1n}\right)+\exp\left(V_{2n}\right)} \tag{4.9}$$

また，選択肢が三つ以上の場合は**多項ロジットモデル**（multinominal logit model）と呼ばれ，次式のように表される。

$$P_{in}=\frac{\exp\left(V_{in}\right)}{\sum_{j}\exp\left(V_{jn}\right)} \tag{4.10}$$

一方，確率項が多変量正規分布に従うと仮定したモデルは，**プロビットモデル**（probit model）と呼ばれている。プロビットモデルの場合，選択確率を解析的に表示することができないことから，モンテカルロシミュレーションなどを用いて近似値を計算する。

4.6.3 パラメータの推定

〔1〕 **パラメータの推定方法**　非集計行動モデルを交通需要予測で用いる場合，効用関数を特定化した上で適切な説明変数を設定し，既存の交通統計調査（3章で述べたパーソントリップ調査や大都市交通センサスなど）や独自に実施した調査のデータを用いて，効用関数のパラメータを推定する。例えば，交通機関選択モデルの場合，効用関数の説明変数には，乗車時間，乗り換え時間，アクセス時間，待ち時間，交通費用（運賃や料金，燃料費等）などが用いられることが多い。

パラメータ推定では，つぎのような効用関数を設定した場合，各個人が選択したパターンが再現できるβを求めることになる（T_iは時間，C_iは費用）。

$$V_i=\beta_1 T_i+\beta_2 C_i+\cdots \tag{4.11}$$

ここで，個人nがiを選択する確率をP_{in}，個人nがiを選択した結果をδ_{in}（1か0の値をとる離散量）とすると，次式が成立する（二肢選択の場合）。

$$P_{in}=P_{1n}{}^{\delta_{1n}}P_{2n}{}^{\delta_{2n}} \tag{4.12}$$

二つの選択肢のうち，すべての個人が選択したほうの積，すなわち実現した状態を示す同時確率は，次式のように表される。

$$L^*=\prod_{n=1}^{N}P_{1n}{}^{\delta_{1n}}P_{2n}{}^{\delta_{2n}} \tag{4.13}$$

ここで，実現した状態が最もよく表現されているようにパラメータ β を定めたいので，L^* を最大にする β を求めればよい。L^* を最大化することは L^* の対数 $L=\ln L^*$ を最大化することと等価であり，L は次式のように表される。

$$L=\ln L^*=\sum_{n=1}^{N}\left(\delta_{1n}\ln P_{1n}+\delta_{2n}\ln P_{2n}\right) \tag{4.14}$$

一般に L を最大化する β は，式 (4.14) を β_1，β_2，…で微分した関数を 0 とおいた連立方程式の解として求められる。

$$\nabla L(\boldsymbol{\beta})=\begin{pmatrix}\partial L/\partial\beta_1\\ \vdots\\ \partial L/\partial\beta_k\\ \vdots\\ \partial L/\partial\beta_K\end{pmatrix}=0 \tag{4.15}$$

この連立非線形方程式は，ニュートン・ラプソン法などの数値計算法で解くことができる。詳しい内容については，巻末の引用・参考文献に挙げた【非集計行動モデルについて】を参照されたい。

〔2〕 パラメータの推定結果の検証　推定されたパラメータの検証は，論理性と説明力の二つの観点から行われる。論理性については，変数値の増加による効用の増減を示している**パラメータの符号**が，一般常識と照らし合わせて妥当であるかを確認する。例えば，時間や費用のパラメータが負になっているか（移動に要する時間や費用の増加は，その選択肢の効用を低下させるため）などである。また，説明力については，**的中率**，**尤《ゆう》度比**，個々の説明変数の ***t* 値**などを確認する。これらの基準を**表 4.9** に示す。

ここで，東京圏を対象に交通機関選択モデルのパラメータを推定した例を**表 4.10** に示す。モデルは非集計ロジットモデルであり，第 5 回東京都市圏パー

表 4.9　モデルの説明力の指標と判断基準[1)]

指標	内　容	基準
的中率	個人の利用選択肢を何％的中させたか	2 肢では 8 割程度
ρ^2（尤度比）	選択確率の分布をどの程度説明したか	0.2 〜 0.4
t 値	説明変数の有意性	5 ％有意で 1.96 以上

表 4.10　交通機関選択モデルのパラメータ推定例[3)]

		通勤	通学	私事	業務
総費用〔円〕（運賃，走行コスト（自動車）など）	共通（鉄道・バス・自動車）	-0.001 23 (-10.4)	-0.005 61 (-13.1)	-0.001 52 (-6.16)	-0.000 420 (-2.93)
ラインホール時間〔分〕（乗車時間や乗り換え時間など）	共通（鉄道・バス・自動車）	-0.048 2 (-18.2)	-0.010 2 (-2.13)	-0.025 7 (-6.63)	-0.017 8 (-5.29)
自動車保有台数〔台／人〕	自動車	1.13 (7.23)	0.972 (3.35)	2.22 (10.2)	
都心ダミー（都心部での自動車利用の抵抗感）	自動車	-1.72 (-21.3)	-0.571 (-2.05)	-1.18 (-10.9)	-0.647 (-5.41)
駅端末利便性（鉄道駅アクセス交通機関の効用）	鉄道	0.446 (33.6)	0.148 (4.93)	0.341 (13.7)	0.404 (19.6)
短距離ダミー（短距離トリップでの自動車利用）	自動車	0.665 (6.13)	2.18 (6.87)	1.63 (15.0)	1.13 (9.83)
定数項	バス	-0.773 (-7.65)	4.28 (14.0)	0.028 8 (0.190)	-2.78 (-14.7)
	鉄道	2.82 (21.8)	4.80 (14.8)	1.91 (11.4)	1.37 (8.32)
的中率		90.3 %	93.8 %	79.2 %	75.5 %
尤度比		0.740	0.975	0.539	0.544
サンプル数		9 763	2 786	2 608	2 780

（注 1）　通勤，私事，業務の各目的は非高齢（65 歳未満）の値，私事は自宅発の私事目的の値。
（注 2）　（　）内は t 値。

ソントリップ調査（2008 年）の個票データを用いて構築されたものである。表の総費用とラインホール時間は各交通機関共通の変数（共通変数）であり，自動車保有台数，都心ダミー，短距離ダミーは自動車の固有変数，駅端末利便性は鉄道の固有変数，定数（項）は，説明変数として採用されなかった諸要因の影響をまとめて表現したものである。パラメータの符号はいずれも妥当であり，的中率，尤度比ともおおむね基準を満足している。

なお，非集計行動モデルにおける時間に関するパラメータを費用のパラメータで除することで，**時間評価値**（value of time）を算定することができる。具体的には，効用関数 $V=\beta_1 T+\beta_2 C+\cdots$（$T$ は時間，C は費用）とした場合，時間評価値は次式で求まる。

$$\text{時間評価値〔円/分〕}=\frac{\text{時間}\,T\,\text{に関する効用度合}\,\beta_1}{\text{料金}\,C\,\text{に関する効用度合}\,\beta_2}$$

例えば，表 4.10 における通勤目的の時間評価値は，$(-0.048\,2)/(-0.001\,23)$ $=39.2$ 円 / 分となる。

例題 4.5

分担交通量（分担率）の推計

あるODにおける自動車と鉄道の分担率を，所要時間，費用，選択肢固有定数を説明変数とする非集計ロジットモデルによって推定する。各交通機関の効用確定項 $V_{\text{自動車}}$ と $V_{\text{鉄道}}$ が次式で表されるとき，鉄道の分担率を求めよ。

$$V_{\text{自動車}}=-0.2\times(40\,\text{分})-0.01\times(100\,\text{円})+4$$

$$V_{\text{鉄道}}=-0.2\times(20\,\text{分})-0.01\times(200\,\text{円})$$

解答

確定項 $V_{\text{自動車}}$，$V_{\text{鉄道}}$ を求めると，それぞれ -5，-6 となる。

$$P_{\text{鉄道}}=\frac{\exp\left(V_{\text{鉄道}}\right)}{\exp\left(V_{\text{鉄道}}\right)+\exp\left(V_{\text{自動車}}\right)}=\frac{\exp(-6)}{\exp(-6)+\exp(-5)}$$

$$=\frac{1}{1+e}$$

■

4.6.4 非集計行動モデルの留意点

〔1〕 **選択肢集合の設定**　　非集計行動モデルは，ある個人が複数の選択肢から最も効用の高いものを一つ選択するという仮説に基づくことから，個人の利用可能な選択肢を合理的な方法で選別する必要がある。この選別された選択肢の集まりは，**選択肢集合**（choice set）と呼ばれている。選択肢集合の設定

は，特定の選択肢を利用する固定層と複数の選択肢を有する選択層に区分するなど，非集計行動モデルを構築する上で基本的かつ重要な作業である。

〔2〕 **IIA 特性**　ロジットモデルにおいて，選択肢 j の特性を変化させたときに選択肢 i を選ぶ確率がどのように変化するかを考えると，第3の選択肢の存在にかかわらず，選択確率 P_i はすべての選択肢について同一の割合だけ変化することになる。この特性が **IIA**（independence from irrelevant alternatives：選択確率比の文脈独立）**特性**であり，ロジットモデルの適用性を制約するものである。例えば，バスと自動車の交通機関選択を考えた場合，バス，自動車とも一般化交通費用が等しいときには，バス，自動車の選択率は1/2ずつになる。ここで，バスの半数を赤く塗り，残りの半数を青く塗って区別すると，赤バス，青バス，自動車の選択率は1/3ずつになってしまうが，色を変えただけでバスの分担率が上昇することは考えにくい。このように各選択肢の確率的効用の間に相関がある場合，ロジットモデルは非現実的な選択率を与えてしまうという問題がある。このIIA特性を緩和する方法として，**ネスティッドロジットモデル**（nested logit model）などが提案されている。

〔3〕 **集計方法**　非集計行動モデルは各個人の選択を説明することから，予測に用いる場合には，個々の選択結果の集計値を求めることになる。母集団すべての個人についての説明変数が与えられれば，モデルを用いて選択確率を推計できるが，実務上困難である。そこで，おもにつぎの二つの方法が提案されている。

数え上げ法：無作為抽出された個人の選択確率の平均値を用いる。

平均値法：説明変数の平均値を推定したモデル式に代入して求める。

4.7　配分交通量の推計方法

4.7.1　配分の原則

配分交通量（assigned traffic volume）の推計は，交通機関別の交通量（分担交通量）を各経路に割り振る作業である。その結果として，交通施設の整備計画を策定する上で必要となる断面交通量（交差点間や駅間の交通量であり，リンク交通量ともいう）が得られる。ここで，道路や鉄道網はODペアごとに利用可能な経路が複数存在することから，交通量の配分にあたってはなんらかの原則が必要である。このような原則として，つぎの二つがワードロップ（Wardrop）によって提唱されている。

Wardropの第1原則（等時間原則）：利用されている経路の旅行時間はみな等しく，利用されない経路の旅行時間よりも小さいかせいぜい等しいという原則である。この配分原則は，利用者が完全情報下で自己の経路選択行動を最適化（例えば，最も旅行時間が短い経路を選択）した結果として到達する均衡状態を表しており，**利用者均衡**（user equilibrium，**UE**）と呼ばれる。

Wardropの第2原則：道路ネットワーク上の総旅行時間が最小となるシステム全体の最適化を目指すもので，**システム最適**（system optimum，**SO**）と呼ばれる。

Wardropの第1原則に基づく利用者均衡の概念を示したものが**図4.4**である。経路1から3までは利用されている経路であり，所要時間 c_k^{rs} はみな u と等しく，経路4は所要時間が u より長いために，利用されていない（交通量は0）。

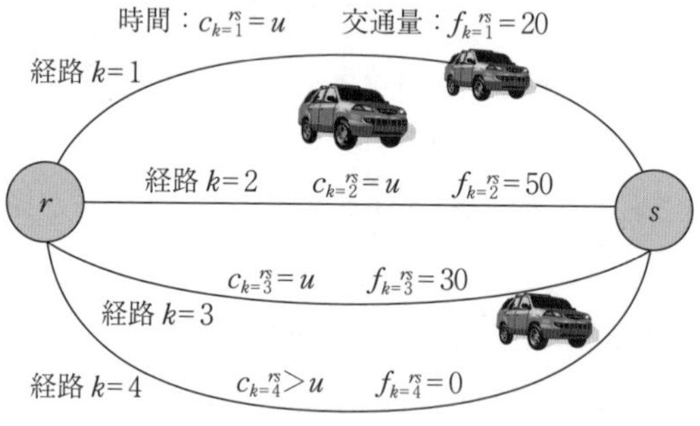

図4.4　利用者均衡の概念

Wardropの第1原則に基づく交通量配分方法として，**分割配分法**（incremental assignment method）と**利用者均衡配分法**（user equilibrium assignment method）がある。詳しい内容は後述するが，いずれの方法も実際の配分計算においては**最短経路探索**のプロセスが必要となることから，まず最短経路探索の方法について説明する。

4.7.2　最短経路探索

最短経路探索の方法は多数存在するが，ここでは代表的な方法として**ダイクストラ法**（Dijkstra method）について述べる。ダイクストラ法は，任意の2点間の利用可能な経路の中から，効率よく最短経路を探すアルゴリズムである。

具体的には，**図4.5**に示したネットワーク上の点 s から点 j までの最短経路を求める場合，s から j までの最短距離 D_j が一つ前の点 i を通る経路であれば $D_i+d_{ij}=D_j$，i を通る経路が最短でなければ $D_i+d_{ij}>D_j$ とする。この原則を用いて，初期値 D_j を無限大（∞）に設定の上，出発点 s から順次 D_i+d_{ij} を求め，D_j より小さければ D_i+d_{ij} の値を D_j に置き換える。この作業をすべての点に対して行う。

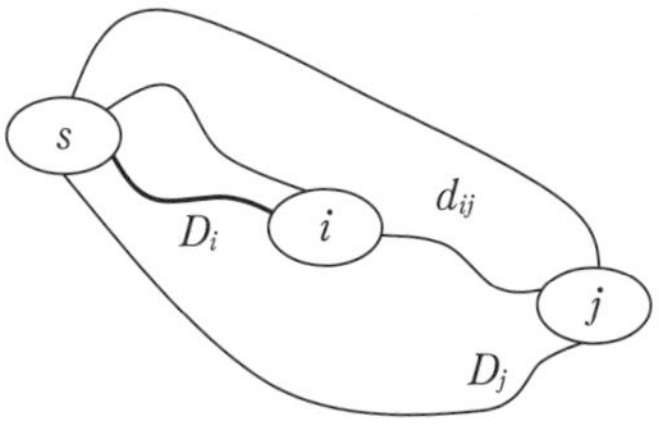

図4.5　ネットワーク

例題 4.6

最短経路の探索

図4.6のネットワークにおける点1から点2～6までの最短距離および経路を，ダイクストラ法を用いて求めよ。

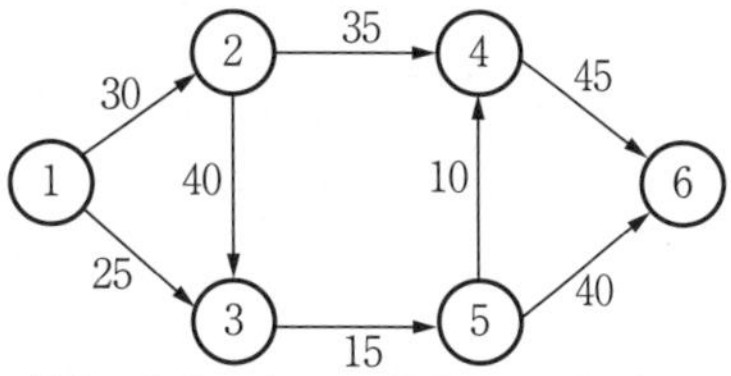

（注）　矢印に付した数値は距離を表す。

図4.6

解答

以下，表内の※は永久ラベル（以降の過程で変化しない）を表す。

手順1：初期設定を行う（**表4.11**）。

表4.11

ノード j	1	2	3	4	5	6
最短距離 D_j	0※	∞	∞	∞	∞	∞
先行ノード P_j	-	1	1	1	1	1

手順2：起点$i=1$と直接つながっている点$j=2$，3について，次式のように経路距離を求める。

$$D_1+d_{12}=30<D_2=\infty \quad \rightarrow \quad D_2=30, \quad P_2=1$$

$$D_1+d_{13}=25<D_3=\infty \quad \rightarrow \quad D_3=25, \quad P_3=1$$

D_3が最小となるので，永久ラベル（※）をつける（**表4.12**）。

表4.12

ノードj	1	2	3	4	5	6
最短距離D_j	0※	30	25※	∞	∞	∞
先行ノードP_j	-	1	1※	1	1	1

$\min(D_j : j \neq 1)=D_3$

手順3：起点$i=3$と直接つながっている点$j=5$について，次式のように経路距離を求める。

$$D_3+d_{35}=25+15=40<D_5=\infty \quad \rightarrow \quad D_5=40, \quad P_5=3$$

D_2が最小となるので，永久ラベル（※）をつける（**表4.13**）。

表4.13

ノードj	1	2	3	4	5	6
最短距離D_j	0※	30※	25※	∞	40	∞
先行ノードP_j	-	1※	1※	1	3	1

$\min(D_j : j \neq 1,\ 3)=D_2$

手順4：起点$i=2$と直接つながっている点$j=4$について，次式のように経路距離を求める。

$$D_2+d_{24}=30+35=65<D_4=\infty \quad \rightarrow \quad D_4=65, \quad P_4=2$$

D_5が最小となるので，永久ラベル（※）をつける（**表4.14**）。

表4.14

ノードj	1	2	3	4	5	6
最短距離D_j	0※	30※	25※	65	40※	∞
先行ノードP_j	-	1※	1※	2	3※	1

$\min(D_j : j \neq 1,\ 2,\ 3)=D_5$

手順5：起点$i=5$と直接つながっている点$j=4$，6について，次式のように経路距離を求める。

$$D_5+d_{54}=40+10=50<D_4=65 \rightarrow D_4=50,\quad P_4=5$$

$$D_5+d_{56}=40+40=80<D_6=\infty \rightarrow D_6=80,\quad P_6=5$$

D_4が最小となるので，永久ラベル（※）をつける（**表4.15**）。

表4.15

ノードj	1	2	3	4	5	6
最短距離D_j	0※	30※	25※	50※	40※	80
先行ノードP_j	-	1※	1※	5※	3※	5

$\min(D_j : j \neq 1,\ 2,\ 3,\ 5)=D_4$

手順6：起点$i=4$と直接つながっている点$j=6$について，次式のように経路距離を求める。

$$D_4+d_{46}=50+45=95>D_6=80 \rightarrow D_6 \text{ および } P_6 \text{ は変更なし。}$$

D_6が最小となるので，永久ラベル（※）をつける（**表4.16**）。

表4.16

ノードj	1	2	3	4	5	6
最短距離D_j	0※	30※	25※	50※	40※	80※
先行ノードP_j	-	1※	1※	5※	3※	5※

以上より，点1から点2～6までの最短距離および経路は，**表4.17**のようになる。

表4.17

	最短距離	経路
1～2	30	1―2
1～3	25	1―3
1～4	50	1―3―5―4
1～5	40	1―3―5
1～6	80	1―3―5―6

■

4.7.3　利用者均衡に基づく交通量配分法

〔1〕 **分割配分法と利用者均衡配分法**　　上述したとおり，分割配分法，利用者均衡配分法とも Wardrop の第 1 原則に基づく配分方法であるが，両者の違いはつぎのとおりである。

分割配分法は OD 表を複数に分割し，そのつど最短経路に配分する手法であり，均衡条件を近似的に満足する解を得ることができる。かつて，利用者均衡に厳密に基づいた配分交通量を得ることが計算上困難であったために開発されたものである。計算が容易であるが，設定した分割数によって推計結果が異なるなど，恣《し》意性が入るという問題点がある。

これに対して利用者均衡配分法は，均衡条件を厳密に満たす解を得ることができる手法である。解法アルゴリズムの開発や近年のコンピュータの高性能化によって，大規模ネットワークへ適用して解を得ることが可能になっており，実務においても普及しつつある。

利用者均衡配分法の導入背景としては，公共事業における透明性の向上の視点から，整備計画案の採択理由を明確に示す必要が生じたこと，道路や鉄道，空港などの各交通施設整備への費用便益分析の導入により，費用便益分析の基礎理論との整合性を確保する必要が生じたことなどが挙げられる。また，利用者均衡配分法は解が唯一に決まるため，配分計算を行う時に恣意性が入る可能性がないことも，利点として挙げられる。

〔2〕 **利用者均衡配分法の定式化**　　リンク交通量と経路交通量の関係は次式のように表される。

$$x_a = \sum_{r\in R}\sum_{s\in S}\sum_{k\in K_{rs}} f_k^{rs}\delta_{a,k}^{rs} \qquad (\forall a\in A)$$

$$c_k^{rs} = \sum_{a\in A} t_a\delta_{a,k}^{rs} \qquad (\forall a\in A)$$

ここで，x_a はリンク a の交通量，f_k^{rs} は OD ペア rs のうち経路 k の交通量，$\delta_{a,k}{}^{rs}$ はリンク a が経路 k 上にある場合 1，ない場合 0，c_k^{rs} は OD ペア rs のうち経路 k の所要時間，t_a はリンク a の所要時間，A はリンク a の集合，R は発

ノード r の集合，S は着ノード s の集合，K_{rs} は OD ペア rs の経路 k の集合である。

OD 交通量の条件（フロー保存則）は次式のように表される。

$$\sum_{k \in K_{rs}} f_k^{rs} = q_{rs} \qquad (\forall r \in R, s \in S) \tag{4.16}$$

ここで，q_{rs} は OD ペア rs の交通量である。

また，利用者均衡条件は次式のように表される。

$$f_k^{rs}\left(c_k^{rs} - c^{rs}\right) = 0 \qquad \left(\forall r \in R, s \in S, k \in K_{rs}\right) \tag{4.17 a}$$

$$c_k^{rs} - c^{rs} > 0 \qquad \left(\forall r \in R, s \in S, k \in K_{rs}\right) \tag{4.17 b}$$

$$f_k^{rs} > 0 \qquad \left(\forall r \in R, s \in S, k \in K_{rs}\right) \tag{4.17 c}$$

ここで，c^{rs} は OD ペア rs の最小所要時間である。

リンクの交通量と所要時間の関係（**リンクパフォーマンス関数**または**リンクコスト関数**）はつぎのとおりである。利用者均衡配分法では狭義の増加関数である必要があり，次式のような BPR 型関数が用いられる。

$$t_a = t_a^0 \left\{1 + \alpha\left(\frac{x_a}{c_a}\right)^{\beta}\right\} \tag{4.18}$$

ここで，t_a^0 はリンク a の自由走行時間，c_a はリンク a の交通容量，α と β はパラメータである。

以上で定式化した利用者均衡配分法をそのまま解くことは困難であるため，つぎのように等価な最適化問題として定式化する。

$$\min Z(x) = \sum_a \int_0^{x_a} t_a(\omega)\, d\omega \tag{4.19 a}$$

制約条件：

$$\sum_{k \in K_{rs}} f_k^{rs} = q_{rs} \qquad \left(f_k^{rs} > 0, \quad \forall r \in R, s \in S\right) \tag{4.19 b}$$

$$x_a = \sum_{r \in R} \sum_{s \in S} \sum_{k \in K_{rs}} f_k^{rs} \delta_{a,k}^{rs} \qquad (\forall a \in A) \tag{4.19 c}$$

ここで，目的関数 Z が最小となるときのリンク交通量 x_a が，利用者均衡を満たす配分交通量となることを示す。具体的には，ラグランジュの未定乗数法を用いて，制約条件付き最適化問題の解の存在条件を明らかにする。

まず，目的関数のラグランジュ関数は，次式のように表される。

$$L(f,\lambda)=Z_p(f)-\sum_{rs}\lambda_{rs}\left\{\sum_{k}f_k^{rs}-q_{rs}\right\} \tag{4.20}$$

ここで，最適解が満たすべき1次の条件（**クーン・タッカー条件**（Kuhn-Tucker conditions）ともいい，制約条件のない通常の最適化問題における最適解が満たすべき「微分＝0」の条件を制約条件付き最適化問題に拡張したもの）は，次式のように表される。

$$f_k^{rs}\frac{\partial L(\boldsymbol{f},\lambda)}{\partial f_k^{rs}}=0, \qquad \frac{\partial L(\boldsymbol{f},\lambda)}{\partial f_k^{rs}}\geqq 0 \tag{4.21 a}$$

$$\frac{\partial L(\boldsymbol{f},\lambda)}{\partial \lambda_{rs}}=0 \tag{4.21 b}$$

ここで

$$\frac{\partial L}{\partial f_k^{rs}}=\sum_{a\in A}\frac{d\left\{\int_0^{x_a}t_a(\omega)\right\}d\omega}{dx_a}\frac{\partial x_a}{\partial f_k^{rs}}-\lambda \tag{4.22 a}$$

$$\frac{\partial x_a}{\partial f_k^{rs}}=\frac{\partial\left(\sum_{rs}\sum_{k}\delta_{a,k}^{rs}f_k^{rs}\right)}{\partial f_k^{rs}}=\delta_{a,k}^{rs} \tag{4.22 b}$$

より

$$\frac{\partial L}{\partial f_k^{rs}}=\sum_{a}\delta_{a,k}^{rs}t_a(x_a)-\lambda=c_k^{rs}-\lambda_{rs} \tag{4.22 c}$$

となる。

以上より，次式のような関係を得ることができる。

$$c_k^{rs}-\lambda_{rs}=0 \ \ (f_k^{rs}>0\text{のとき}) \tag{4.23 a}$$

$$c_k^{rs}-\lambda_{rs}\geqq 0 \ \ (f_k^{rs}=0\text{のとき}) \tag{4.23 b}$$

ラグランジュ未定乗数 λ_{rs} を OD ペア rs 間の最小所要時間と解釈すると，「利用されている経路の所要時間は最小所要時間に等しく，利用されていない

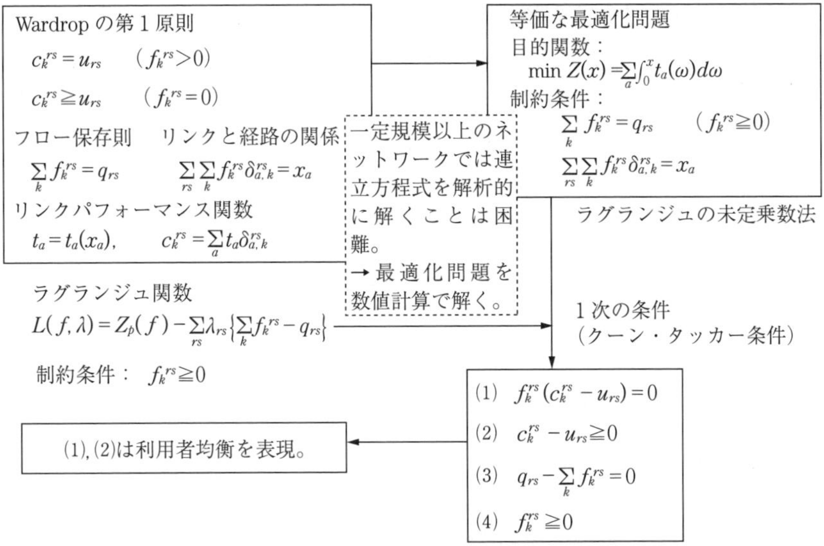

図 4.7　均衡条件式と等価な最適化問題の関係

経路の所要時間は最小所要時間より大きいかせいぜい等しい」という Wardrop の第 1 原則と等しくなる。以上説明してきた関係を示したものが**図 4.7** である。

4.7.4　利用者均衡配分法の解法

前項で述べたように，利用者均衡配分法は最適化問題として定式化されることから，非線形計画法の分野で多数開発されている解法アルゴリズムを適用できる。これまで Frank-Wolfe 法（凸結合法）をはじめ，多くの解法が提案されている。以下に，Frank-Wolfe 法を用いた利用者均衡配分法のアルゴリズムを簡潔に示す。詳しくは文献 4）を参照されたい。

手順 0：初期実行可能解の設定

繰り返し計算回数を $n=1$ として，初期実行可能解 $x_a^{n=1}$ を設定する。

手順 1：リンクコスト（所要時間）の更新

リンク交通量 x_a^n に対するリンクコスト $t_a^n = t_a(x_a^n)$ を求める。

手順 2：降下方向ベクトルの算出

全OD交通量を最短経路に配分し，得られたリンク交通量を $y_a^{\,n}$ とする。

降下方向ベクトル $d_a^{\,n}=y_a^{\,n}-x_a^{\,n}$ を求める。

手順3：ステップサイズ α の探索

一次元最適化問題を解いて，α を求める。

手順4：解の更新

$$x_a^{\,n+1}=x_a^{\,n}+\alpha(y_a^{\,n}-x_a^{\,n})$$

手順5：収束判定

収束基準を満たしていれば終了となる。満たしていない場合は $n=n+1$ として，手順1に戻る。なお，収束基準には，リンク交通量の誤差などを用いる。

4.7.5　利用者均衡配分法の発展

利用者均衡配分法は理論的な背景が明確なことから，さまざまな拡張モデルが提案されている。具体的には，利用者の完全情報という仮定を緩和した確率的利用者均衡配分法，4段階推計法の各段階を統合した統合型均衡配分法，利用者の異質性を考慮したマルチクラス利用者均衡配分法，時間帯別の需要変動を考慮した時間帯別均衡配分法などが提案されている。詳しい内容については，巻末の引用・参考文献に挙げた【利用者均衡配分法について】を参照されたい。

例題 4.7

利用者均衡配分法と分割配分法[3), 4)]

図4.8のように，点Aと点Bが3本の経路で結ばれている。AB間の交通量が1200台，それぞれの経路の旅行時間（リンクパフォーマンス関数）が図のように設定されている。

（1）　利用者均衡状態の経路交通量（利用者均衡配分法による配分結果）の組合せとして正しいものを，つぎの①～③の中から選べ。また，そのときの旅行時間を求めよ。

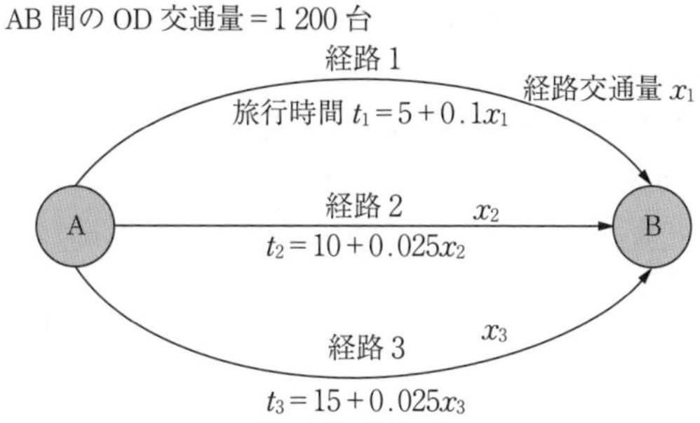

図 4.8　ネットワーク

	経路 1	経路 2	経路 3
①	400 台	400 台	400 台
②	200 台	600 台	400 台
③	300 台	800 台	100 台

（2）　分割配分法（ここでは 5 等分割とする）を用いて，各経路の交通量と旅行時間を求めよ。

解答

（1）　利用者均衡状態とは，各経路の旅行時間が等しい（$t_1=t_2=t_3$）状態である。これを満たす組合せは，②（$x_1=200$ 台，$x_2=600$ 台，$x_3=400$ 台）である。また，そのときの旅行時間は，全経路等しく 25 分である（**図 4.9**）。

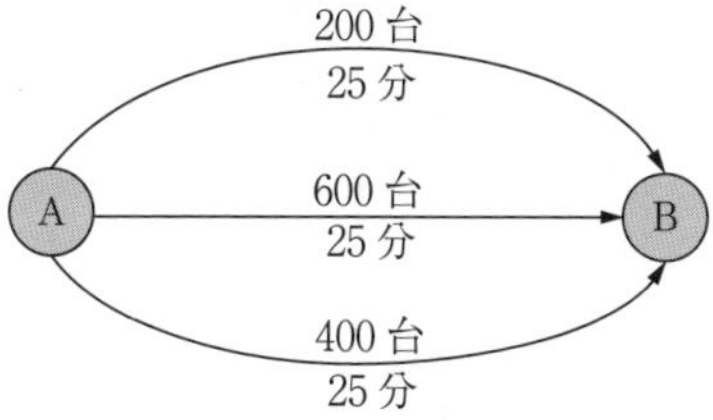

図 4.9　利用者均衡状態

（2）　5 等分割であるので，1 200/5＝240 台をそのつど最短経路（旅行時間が最も短い経路）に配分する。

1 回目：　各経路の交通量が 0 台のとき，旅行時間が最短の経路 1 に 240 台を配分する。

2 回目：　経路 1 の交通量が 240 台のとき，旅行時間が最短の経路 2 に 240 台を配分する。

3 回目：　経路 1，2 の交通量が 240 台のとき，旅行時間が最短の経路 3 に 240 台を配分する。

4回目： 経路1，2，3の交通量が240台のとき，旅行時間が最短の経路2に240台を配分する。

5回目： 経路1，3の交通量が240台，経路2の交通量が480台のとき，旅行時間が最短の経路3に240台を配分する。

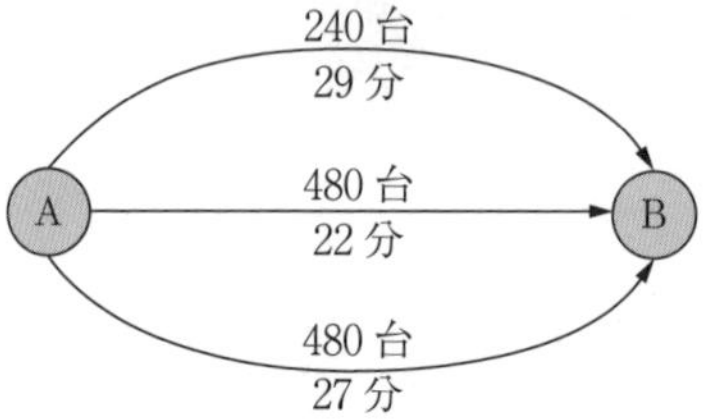

図 4.10　分割配分（5等分割）の結果

その結果，各経路の交通量と旅行時間は**図 4.10** のようになる。（1）の利用者均衡配分法による結果と比較すると，経路1，2，3の旅行時間が異なっている。すなわち，分割配分法による配分結果は，均衡状態を厳密に満たすものではないことがわかる。■

コラム

鉄道の経路配分手法

鉄道の経路配分手法については，鉄道は道路交通と異なって混雑（この場合，車両内混雑）による所要時間の変化がほとんどないことから，時間を含むコストが交通量に依存しない**フローインディペンデント**（flow-independent）な配分方法が採用されることが多い。また，鉄道ネットワークの特性として，同一路線に複数の種別の列車（急行や各停など）が存在することや，同一路線や他路線との乗り換えが存在することが挙げられ，サービス水準についても，所要時間に加えてアクセス時間（出発地から駅までの所要時間），イグレス時間（駅から到着地までの所要時間）や待ち時間（運行頻度），乗り換え時間，車両内混雑による不快感などを考慮する必要があり，経路配分はこれらの点を考慮したネットワークやサービス水準データを作成して行われる。

実務で採用されているおもな経路配分手法には以下の二つがあり，近年は複数経路配分法が用いられることが多い。

最短経路配分法： OD間の最短経路（主として所要時間）にすべての鉄道分担交通量を配分する方法

複数経路配分法： 同時に複数経路を選定して各経路の特性値（運賃，時間など）で配分する方法（ロジットモデルなど確率的な配分モデル）

高速道路を利用する交通量の推計

高速道路を利用する交通量の推計には，一般に転換率モデルが用いられている。転換率モデルとは高速道路の利用率を求める式であり，例えば都市間高速道路では，つぎのような式が用いられている。

$$P=\frac{1}{1+\dfrac{\alpha(X/S)^{\beta}}{T^{\gamma}}}$$

ここで，Pは高速道路転換率（利用率），Xは 高速道路利用ルートの一般道路利用ルートに対する料金/時間差〔円/分〕，Tは時間差〔分〕，Sはシフト率（GDPの伸び率），α，β，γはパラメータである。

なお，シフト率Sとは，高速道路の料金負担力が経済成長とともに増加する傾向にあるため，GDPの伸び率を用いて転換率をシフトさせている。

転換率Pは右図のとおり，高速道路利用ルートの一般道路利用ルートに対する料金/時間差Xが小さいほど高くなり，また，時間差Tが大きいほど長距離走行であって転換率Pは高くなる。

自動車OD交通量にこの転換率Pを乗じることで，高速道路の利用交通量が求められる。

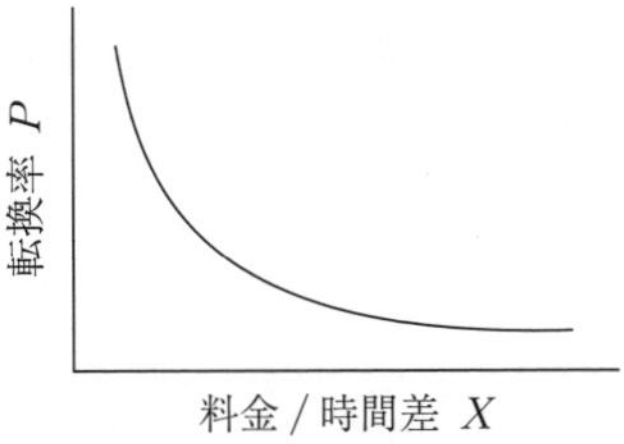

図　転換率

演 習 問 題

〔**4.1**〕　代表的な交通需要予測手法である四段階推計法の手順と，各段階のおもな方法を挙げよ。

〔**4.2**〕　あるOD間の交通需要500人について，おのおのが鉄道，バス，自動車の中から一つ選択するものとする。ロジットモデルにおける各交通機関の効用確定項が，$V_{鉄道}=-0.4$，$V_{バス}=-1.0$，$V_{自動車}=0.2$であるとき，鉄道を選択する人数を求めよ。

〔**4.3**〕　分割配分法と利用者均衡配分法の違いを述べよ。

5章 道路の計画

◆本章のテーマ

本章では，最も基本的かつ重要な社会資本である道路を取り上げ，まず，その役割，機能，種類について述べる。つぎに，道路の計画の考え方やプロセスを説明し，併せて道路の設計において計画にかかわりのある内容を中心に解説する。さらに，道路整備の費用負担，道路と鉄道の立体交差化についても紹介する。

◆本章の構成（キーワード）

5.1　道路の役割と機能

　交通機能，空間機能

5.2　道路の種類

　道路法，高速自動車国道，一般国道，都道府県道，市町村道，段階構成，都市計画道路

5.3　道路の計画

　日交通量，道路網計画，路線計画，実施計画，コントロールポイント

5.4　道路の設計

　道路構造令，車線数，設計速度，計画交通量，設計基準交通量，基本交通容量，可能交通容量，設計交通容量

5.5　道路整備の主体と費用負担

　道路管理者

5.6　道路と鉄道の立体交差化

　単独立体交差化，連続立体交差化

◆本章を学ぶと以下の内容をマスターできます

☞　道路の役割や機能，種類

☞　道路計画の考え方，プロセス，設計における留意事項

5.1　道路の役割と機能

道路は，人の移動や物資の輸送に不可欠な最も基本的かつ重要な社会資本であり，社会経済の発展や国民生活の向上に大きな役割を果たしている。また，公共空間としての役割も有しており，道路の計画や設計にあたっては，このような道路の果たすべき役割を十分踏まえた上で，道路利用者にとって必要な道路の機能を確保する必要がある[1)]。

道路の主要な機能には，**図5.1**に示したとおり，**交通機能**と**空間機能**の二つがある。このうち交通機能には，自動車，歩行者，自転車などが円滑，安全，快適に通行できる**通行機能**（トラフィック機能），沿道施設に容易に出入りできる**アクセス機能**，自動車の駐車や歩行者が滞留できる**滞留機能**などがある。なお，通行機能とアクセス機能は，一方のサービス水準を高くすると，他方は低くなるというトレードオフの関係にある。

一方，空間機能としては，都市の骨格形成や沿道立地の促進など**市街地形**

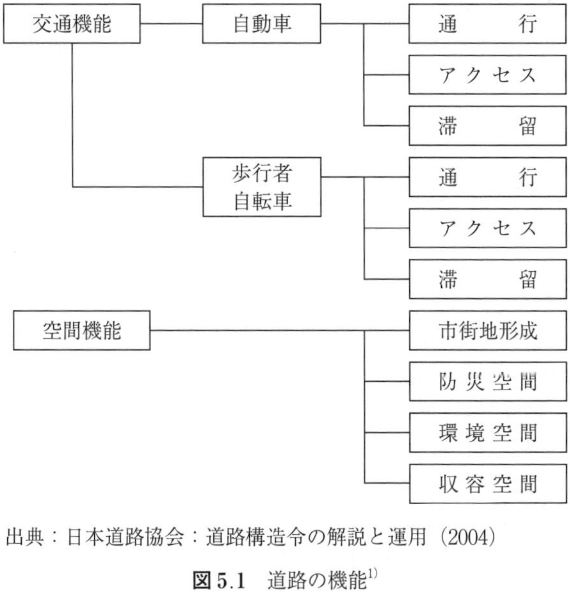

出典：日本道路協会：道路構造令の解説と運用（2004）

図5.1　道路の機能[1)]

成，延焼防止などのための**防災空間**，緑化や景観形成，沿道環境保全のための**環境空間**，地下鉄などの交通施設，上下水道，電力，ガス，通信などライフライン施設の**収容空間**としての機能がある。

コ ラ ム

共同溝と電線共同溝[2)]

共同溝は**図1**のように，ガス，電気，上下水道など日常生活に欠かせない**ライフライン**を車道の下にまとめて収納する施設であり，道路の掘り返し工事の防止，ライフラインの耐震性の向上，工事渋滞の軽減，環境の保全などが図られる。共同溝は1963（昭和38）年に制定された共同溝の整備等に関する特別措置法に基づき，三大都市圏をはじめとして仙台市，広島市，福岡市などで整備されており，2019（令和元）年度末までの供用延長は578 kmとなっている。

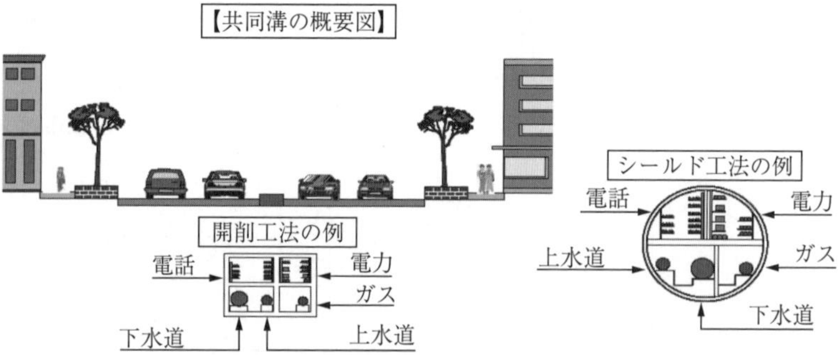

出典：土木計画学研究委員会編：交通社会資本制度 ― 仕組と課題，土木学会（2010）

図1　共同溝の概念図[2)]

電線共同溝は，電線類の地中化を一層促進するとともに，高度情報通信社会の早期実現に資するため，道路の地下空間を活用して電力線や通信線をまとめて収容する施設である（**図2**参照）。1995（平成7）年に制定された電線共同溝の整備等に関する特別措置法に基づき，整備が推進されている。

おもな実施箇所は，市街地の幹線道路に加えて，安全で快適な通行空間の確保，良好な景観の形成，災害の防止，情報通信ネットワークの信頼性の向上，観光振興，地域活性化に資する箇所となっている。今後，無電柱化の一層の推進を図るために，従来からの電線共同溝方式に加え，地域の実情に応じたコスト縮減手法を活用し，効率的な整備を行うことが重要である。なお，2019（令

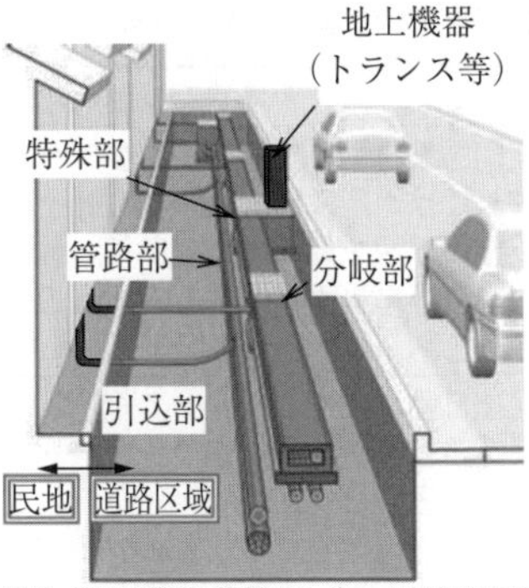

■ 道路管理者施工（⇒電線共同溝）
■ 電線管理者施工（⇒トランス・電線等）

出典：土木計画学研究委員会編：交通社会資本制度 ― 仕組と課題，土木学会（2010）

図 2　電線共同溝の概念図[2)]

和元）年度末時点で，市街地の幹線道路における無電柱化率は約 18 %となっている。

5.2 道 路 の 種 類

5.2.1 法律による分類

道路には身近な生活道路から高速道路までさまざまな種類のものが存在するが，これらは法律によって分類されている。具体的には，**道路法**（道路の整備や管理において基本となる法律）において，**高速自動車国道**，**一般国道**，**都道府県道**，**市町村道**の四つに区分されている。各道路の定義や管理者は，**表 5.1** に示すとおりである。なお，道路法上の道路以外に，農道，林道，道路運送法上の道路（企業が運営している観光地の有料道路など），港湾法の道路，私道などがあるが，本章では道路法上の道路を対象とする。

道路法上の道路の延長の合計は約 122 万 km であり，このうち高速自動車国道および一般国道（直轄国道および補助国道）の延長は約 6.4 万 km と全体の

表 5.1　道路の種類・定義・管理者[3)]

道路の種類		定　義	道路管理者
高速自動車国道		全国的な自動車交通網の枢要部分を構成し，かつ，政治・経済・文化上特に重要な地域を連絡する道路その他国の利害に特に重大な関係を有する道路【高速自動車国道法第4条】	国土交通大臣
一般国道	直轄国道（指定区間）	高速自動車国道とあわせて全国的な幹線道路網を構成し，かつ一定の法定要件に該当する道路【道路法第5条】	国土交通大臣
	補助国道（指定区間外）		都府県（政令市）
都道府県道		地方的な幹線道路網を構成し，かつ一定の法定要件に該当する道路【道路法第7条】	都道府県（政令市）
市町村道		市町村の区域内に存する道路【道路法第8条】	市町村

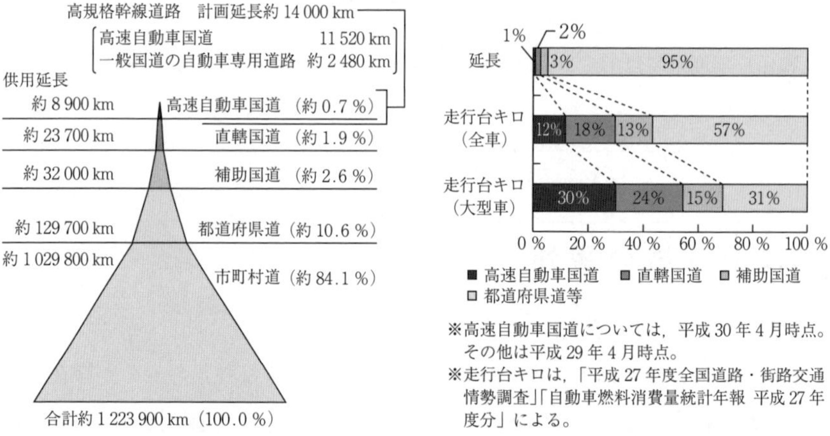

（a）　道路の構成　　（b）　道路別の延長および物流等のシェア

図 5.2　道路の種類と特徴[3)]

約 5.2 %程度であるが，総走行台キロ（全車種）では全体の約 43 %と高くなっている（**図 5.2** 参照）。

5.2.2　機能による分類

道路を機能面から分類すると，**表 5.2** に示したとおり，広域的な都市間を連

表 5.2　道路の機能による分類[4)]

道路の種類	おもな機能・役割
都市間の幹線道路	・**交通機能**がより重視された道路。 ・人や物資の広域的な移動を円滑かつ効率化させ，国や地域の経済や人々の生活を支える役割を担う。 ・広域的な幹線道路の場合，自動車の走行空間としての機能が主となるため，**自動車専用道路**として整備される場合が多い。 ・ネットワークの形態は，都市と都市の間を**線状**もしくは**放射状**に接続する方法，大都市の周辺の都市を**環状**に連絡することによって，都心部に用のない交通を迂《う》回させ，交通の流れの円滑化を図る方法がある。
都市内の道路	・**交通機能**としては，沿道の施設などへのアクセス性や歩行者・自転車の通行空間の確保という観点も重要である。 ・交通機能のみならず，**空間機能**の観点からも重要な道路。 ・都市の骨格となる道路やシンボル的な街路は建築物などと相まって，都市の景観を構成し，その都市のイメージを形成するという役割も果たしうる。 ・都市内では，このような道路とより幹線的な機能が強い道路の双方について，役割や機能にあわせて**段階的・階層的**に構成することが必要である。
生活道路	・住宅が直接面している道路や，通勤や通学，買い物など日常的な利用頻度が高い生活に密着した道路。 ・特に**歩行者**や**自転車**の利用が多いことから，これらの利用者が**安全**かつ**安心**して通行できる空間を構築することが最優先される。 ・歩行者や自転車のための十分な空間の確保や，**自動車の速度抑制**，**通過交通の排除**などの対策を講ずる必要がある。 ・歩行者と自転車の錯綜《そう》による事故も多いことから，歩道と自転車走行空間の**適切な分離**を進めることも重要な課題である。 ・良好な居住空間を確保するため，自動車の走行による騒音や振動を防ぐ沿道環境対策も必要である。

絡する幹線道路，地域内の拠点間を連絡したり都市内の骨格を形成したりする機能を持つ道路，より生活に密着した沿道の土地や建物へのアクセスを中心とした機能を持つ道路の三つに分類することができる。

5.2.3　道路の段階構成

道路はネットワーク（網）を形成することによって初めてその機能を発揮できることから，道路網の構成を検討する際には，道路網のパターン（格子型，梯《はし》子《ご》型，放射環状型など），道路網を構成する各道路の役割分担や量的な整備水準などを適切に決定する必要がある。ここで，道路はネットワーク上の位置づけや役割によって，つぎのように分類される。

自動車専用道路： 都市の骨格を形成する道路であり，トリップ長の長い交通をおもに分担する。

主要幹線道路： 同じく都市の骨格を形成する道路である。通行機能（トラフィック機能）が重視される一方で，一定のアクセス機能にも配慮が必要となる。

幹線道路： 都市の骨格と地区の外郭を形成する道路で，都市内の道路網を形成する基本的な道路である。中・短距離のトリップを分担する。

補助幹線道路： 主要幹線道路あるいは幹線道路に囲まれた地区の骨格を形成する道路であり，地区内への集散交通を担う道路である。

区画道路： 補助幹線道路から各戸口へのアクセスを目的とする道路である。

これらの道路は**段階的**に連絡されるのが原則であり，ランクの大きく異なる道路を直接連絡することは適当でない。

5.2.4 都市計画道路

〔1〕 **都市計画道路の概要**　　**都市計画道路**（city planning road）とは，都市計画法に基づいてあらかじめ位置，経路，幅員などが決められた都市の骨格となる道路である。都市計画区域においては，円滑な都市活動を支え，都市生活者の利便性の向上を図り，良好な都市環境を確保するために必要な施設を都市計画法に規定した手続きによって定めることができ，これを**都市計画決定**（city planning decision）という。都市計画道路は都市計画決定した道路のことを指し，その果たすべき機能によって，**自動車専用道路**，**幹線街路**，**区画街路**，**特殊街路**の四つに区分され，このうち幹線街路は，主要幹線街路，都市幹線街路，補助幹線街路の三つに細区分される。これらの街路の機能は**表 5.3** のとおりである。

都市計画道路はその区分や規模に応じて，**都道府県**または**市町村**が決定する。施設の性格上，一つの路線だけでは十分な機能を果たすことができないため，ほとんどの地域では複数の路線によるネットワークを構成している。

表 5.3　都市計画道路の区分と機能[5]

道路の区分		道路の機能等
自動車専用道路		都市間高速道路，都市高速道路，一般自動車道等のもっぱら自動車の交通の用に供する道路で，広域交通を大量でかつ高速に処理する。
幹線街路	主要幹線街路	都市の拠点間を連絡し，自動車専用道路と連携し都市に出入りする交通や都市内の枢要な地域間相互の自動車交通の用に供する道路で，特に高い走行機能と交通処理機能を有する。
	都市幹線街路	都市内の各地区または主要な施設相互間の交通を集約して処理する道路で，居住環境地区等の都市の骨格を形成する。
	補助幹線街路	主要幹線街路または都市幹線街路で囲まれた区域内において幹線街路を補完し，区域内に発生集中する交通を効率的に集散させるための補助的な幹線街路である。
区画街路		街区内の交通を集散させるとともに，宅地への出入交通を処理する。また，街区や宅地の外郭を形成する，日常に密着した道路である。
特殊街路		自動車交通以外の特殊な交通の用に供するつぎの道路である。 ①もっぱら歩行者，自転車または自転車および歩行者のそれぞれの交通の用に供する道路 ②もっぱら都市モノレール等の交通の用に供する道路 ③主として路面電車の交通の用に供する道路

道路を都市計画決定する際には，種別，路線名，起終点の位置，延長，幅員，車線数，構造形式を書面に記載するほか，道路に含まれることとなる区域を図面上に表示する。決定された路線については，国，県，市町村が役割を分担しながら順次整備を進めるが，道路計画に含まれた区域内では，建築行為に対して**一定の制限**（都市計画法第 53 条の制限）が課せられる。これは，計画を定めた後に堅牢《ろう》な建築物が建てられると，事業の実施を難しくする恐れがあるためである。

なお，都市計画道路の区分は，道路法に基づいて定められる国道，都道府県道，市町村道といった区分とは別のものであり（都市計画区域内の国道などの一部区間が都市計画道路に指定されるケースが多い），各路線につけられた名称も一般的な呼称（国道○○号，県道○○線，○○通りなど）と異なるケースが多く，個別の路線に対する認知度はあまり高くないのが現状である[6]。

〔2〕 **都市計画道路の整備手法**　　都市計画道路を整備するおもな手法には，つぎの三つが挙げられる[7]。

街路事業： 都市における円滑な交通の確保と，豊かな公共空間を備えた良好な市街地の形成を図り，安全で快適な都市生活の実現と都市機能の向上を目的として，道路を整備する事業。

土地区画整理事業： 宅地の形状が不整形な土地において，土地所有者から土地を少しずつ提供してもらい，道路や公園などの公共施設を整備するとともに，土地の区画を整え，宅地の利用増進を図る事業。

市街地再開発事業： 低層の建物が密集し生活環境が悪化している市街地において，敷地や建物を共同化し耐火建築物に建て替え，併せて周辺道路などの整備を一体的に行うことにより，土地の合理的かつ健全な高度利用と都市機能の更新を図る事業。

〔3〕 **都市計画道路の見直し**[5]　都市計画道路の整備は長期にわたって行われるため，社会情勢の変化などによって必要性が変化することも想定される。そのため，地域整備の方向性の見直しと併せて，その必要性，配置，規模などの検証を行い，必要に応じて**都市計画の変更**を行う必要がある。

これまでの人口の増加や市街地の拡大が続く社会情勢の下では，長期的に必要となる都市計画道路が圧倒的に多かったため，すでに決定された都市計画道路の見直しについての取り扱いが慎重であった。しかし，近年の人口の減少傾向，経済の低成長，市街地の拡大の収束などの社会状況の変化を踏まえると，必要性が変化しつつある路線については見直しを行う必要性が高まっている。

これまでも都市交通調査などを活用して道路網の必要性を検証し，適宜必要な見直しが行われてきているが，今後とも必要性に変化が生じたと判断される道路については，速やかに都市計画変更の手続きを行うことが必要である。

5.3　道 路 の 計 画

5.3.1　道路の計画の考え方

道路の計画は，すべての道路利用者にとっての必要性，道路の持つ多様な役割と機能，将来の状況変化への対応などを十分考慮して検討を行う必要がある。**図 5.3** に示すとおり，交通機能には，自動車や歩行者・自転車それぞれについて，通行機能，アクセス機能，滞留機能があり，空間機能についても，市街地形成，防災空間，環境空間，収容空間がある。これに地形や気候などの制約条件，将来的に自動車の通行機能を重視する必要がある場合や，沿道からの出入りを制約する必要がある場合など，将来状況の変化についても考慮する必要がある。

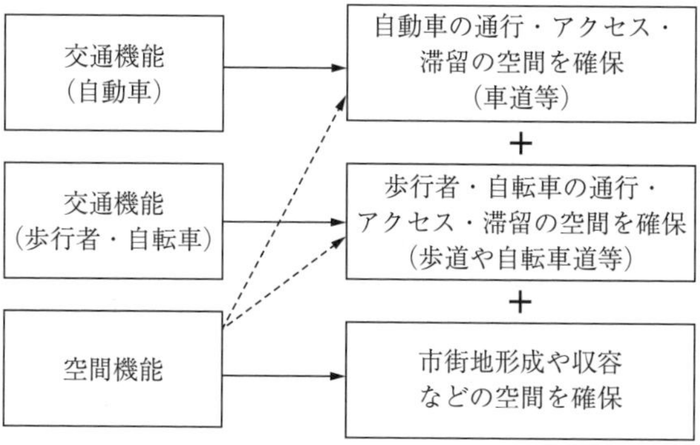

出典：日本道路協会：道路構造令の解説と運用 改訂版（2004）

図 5.3 道路の計画・設計の考え方[1]

5.3.2 計画目標年次

道路の計画は，計画目標年次における地域社会の開発，産業経済の発展，人口の適正な配置などを考慮して推計された交通需要とその時点における道路網との対応関係の結果，推計される自動車の**日交通量**（daily traffic volume）（**計画交通量**（designed daily volume））により決定される。計画目標年次を何年後にとるかということは，路線の性格および重要性により異なるが，一般的に現実的な構想に対する予測の限界を考慮し，計画策定時の **20 年後**を計画目標年次とすることが多い。なお，都道府県道や市町村道については，計画目標年次を 10 年としている場合などもあり，設定するにあたっては，路線の性格および想定する整備時期なども考慮して決定することが望ましいとされている[1]。

5.3.3　道路計画のプロセス

道路の計画は，① **道路網計画**，② **個別の路線計画**，③ **実施計画**というプロセスで策定される[4]。このうち ① 道路網計画は，道路計画において上位に位置づけられる計画であり，個別路線の計画の集合体となっている。具体的な道路網計画として，**高規格幹線道路網計画**や，都道府県知事および政令指定市長が関係する道路管理者等と協議，調整して策定する**広域道路整備基本計画**などが挙げられる。

② 個別の路線計画は，①で策定された道路網計画のうち，優先度の高い区間から計画を具体化していく上で基本となる区間単位の計画である。この優先度は，課題の緊急性や整備効果の大きさなどに基づいて判断がなされる。

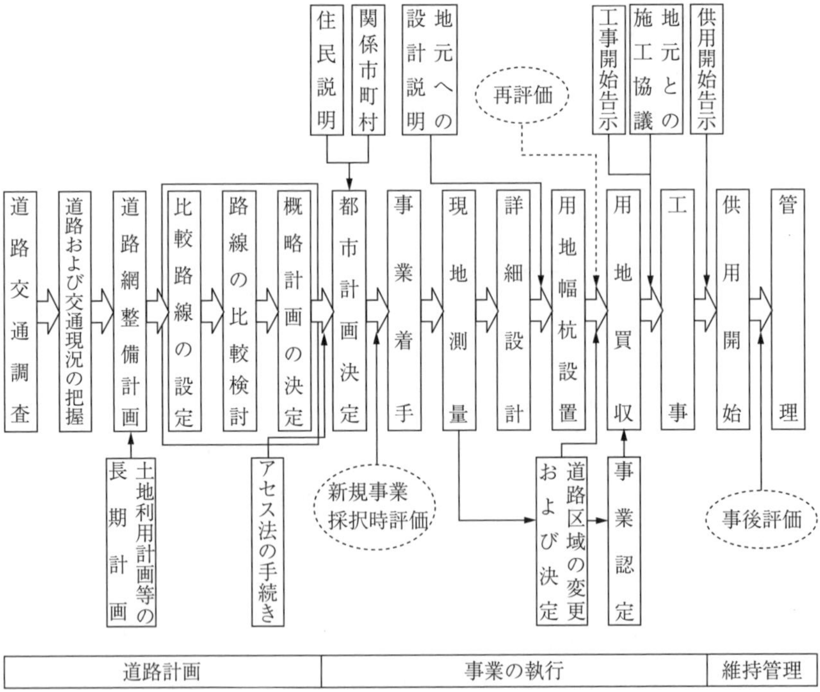

（注）　都市計画決定はすべての道路事業で行うわけではない。

図 5.4　道路事業の流れ[3]

③ 実施計画は，事業実施のための測量や設計を行い，事業費の算定や工程計画を勘案した事業の実施方針を定める事業計画のことである。事業化の後は詳細設計を行い，用地取得の後に工事着手となる。

以上の計画策定プロセスを含む道路事業全体の流れを**図 5.4** に示す。

5.3.4 道路網計画の策定

道路網計画は，道路ネットワーク全体で達成すべき目標や交通問題の解決に向けて策定される。計画の策定にあたっては，ネットワークとしての機能が十分に発揮できるよう，交通問題の現状，通過する地域の空間・環境的条件や制約，拠点施設や空港，港湾などの交通拠点との連結，災害時のリダンダンシー（迂回ルート等の余裕性）の確保，シビルミニマム確保の観点，上位計画（国土形成計画や社会資本整備重点計画等）や他の施設計画，交通計画，土地利用計画等との関係などを十分に考慮する必要がある。なお，この道路網計画では，連絡する拠点や通過する地域などが概略的に示される。

5.3.5 路線計画の策定[4)]

路線計画は，**構想段階**と**計画段階**の二つに区分される。構想段階は，おおむねのルートの位置や基本的な道路構造を決定する段階であり，1/50 000 ～ 1/25 000 のスケールで検討される。計画段階は，事業実施の前提となる計画（都市施設の都市計画など）として，具体的なルートの位置や道路構造を決定する段階であり，おおむね 1/5 000 ～ 1/2 500 のスケールで検討される。その際には，複数の比較案を設定して選定が行われるが，選定された路線位置は，事業費をはじめ施行の容易性，走行の安全性や快適性，地域社会などに対して大きな影響を及ぼすものであり，道路計画の一連の作業の中でも最も重点を置かなければならない段階である。具体的には**表 5.4** に示したような，交通，環境，土地利用・市街地整備，事業性などの観点からの評価項目を設定し，比較検討が行われる。

なお，路線選定にあたって技術的，社会的に大きな制約条件となる地点のこ

表 5.4　路線選定における評価の視点[4]

項目	評価の視点
交通	走行時間の短縮や渋滞解消，交通事故減少，災害時の機能・安全性，広域ネットワーク形成など
環境	大気汚染，地球温暖化防止に関する効果，騒音，景観，生態系や動植物への影響，集落や公共公益施設への影響など
土地利用 市街地整備	地域交流への効果，農業的土地利用への影響，市街地の防災性，沿道商業施設への影響など
事業性	事業や維持管理の費用，事業期間，施工時の影響，用地取得のリスク，不測の事態に対する計画の柔軟性など

とを**コントロールポイント**（control point）といい，路線計画においては，これらを避けることが基本となる。コントロールポイントの例を**表 5.5** に示す。

このようなさまざまな観点からの比較・評価結果を総合的に踏まえて，最も優位な比較案を概略計画として選定し，市民参画のプロセスを経て概略計画が策定される。概略計画の内容は，当該路線の起終点，道路種別，計画諸元（車線数や設計速度など），構想ルート帯（おおむね 250 m ～ 1 km の幅を持つルート帯），おもな連結する道路，主たる構造（盛土《もりど》，切土《きりど》，トンネル，橋梁等）などである。この概略計画に対して，**環境アセスメント**や**都市計画決定**が行われることになる。なお，環境アセスメントについては，8 章で説明する。

5.4　道路の設計

5.4.1　道路構造令

道路構造の技術的基準については，道路法第 30 条において政令で定めるよう規定しており，**道路構造令**はこの趣旨に沿って制定された政令である。道路構造令で規定されている技術基準は，根幹的なもの，一般的なもの，行政上規定の必要なものなどにとどめられていると同時に，ある程度の運用幅を想定したものとなっている。これは，状況に応じてよりニーズに合致した構造や経済的な構造を可能とすることを意図したものである。道路構造令の基準値を**弾力**

表 5.5　道路計画におけるコントロールポイントの例[8]

項目＼順位		一次コントロール	二次コントロール	備考
自然条件	地形	・山脈，山塊，渓谷 ・主要河川の架橋地点	・峠，大切土，大盛土，長大切土法面 ・湖沼，池，中小河川	・長大トンネル，長大橋梁の位置の決定
	地質，土質	・大規模な地すべり地帯，崩壊地帯	・軟弱地盤地帯，崖錐《がいすい》地帯，断層の方向	
	気象	・大規模雪崩地区，標高の高い濃霧多発地区および路面凍結予想地区	・吹きだまり，地吹雪，雪崩，強風の予想箇所，日照	・標高800m以上はできるだけ低いほうを選ぶこと
関連公共事業		・インターチェンジ位置と取り付け道路との関係 ・重要な主要道路や鉄道との交差位置（改良，新設事業とも） ・都市計画事業 ・地下埋設物の有無	・インターチェンジ付近の線形，交差箇所 ・農業構造改善事業，区画整理事業 ・地下埋設物の種類，位置，深さ	・仮換地の期間が長い。
環境条件	社会環境	・学校，病院，老人ホーム，養護施設，住宅密集地	・集落，工場，工業団地	
	自然環境	・原生自然環境保全地域 ・自然環境保全特別地区 ・国立公園特別保護地域，特別地域第一種 ・国定公園特別保護地区，特別地域第一種	・自然環境保全地域 ・国立公園特別地域第二，第三種および普通地域 ・国定公園特別地域第二，第三種および普通地域 ・県立公園，公園	
文化財など	文化財	・国宝，重要文化財	・文化財，社寺，仏閣	・文化財には有形，無形があるが，ここに関係あるのは有形文化財のうち建造物のみである。
	記念物	・特別名勝，特別史跡，特別天然記念物	・名勝，史跡，記念物	
公共施設		・空港，大規模鉄道駅，大規模港湾，電波受信施設，貯水池，大規模発電所	・鉄道，道路，港湾，漁港，電波発信所施設，送電線	

的に運用しつつ，道路の機能に十分留意しながら適切な値を慎重に選定して設計することが求められる。

なお，本節の内容は，文献1)，9) に基づいている。

5.4.2 道 路 の 構 造

道路の基本構造は，線形（平面線形，縦断線形），車線数，車道部，歩道・自転車道，植樹帯である。これらの構造の決定の流れは**図 5.5** に示したとおりであり，地域特性，交通特性，ネットワーク特性などの道路の特性を踏まえて**道路の区分**を決定し（5.4.3項），この区分に応じて**設計速度**，**線形**が決まり，設計基準交通量と計画交通量を基に**車線数**が決定される（5.4.4項参照）。

道路の構造の決定にあたっては，それぞれの道路で必要とされる自動車，歩

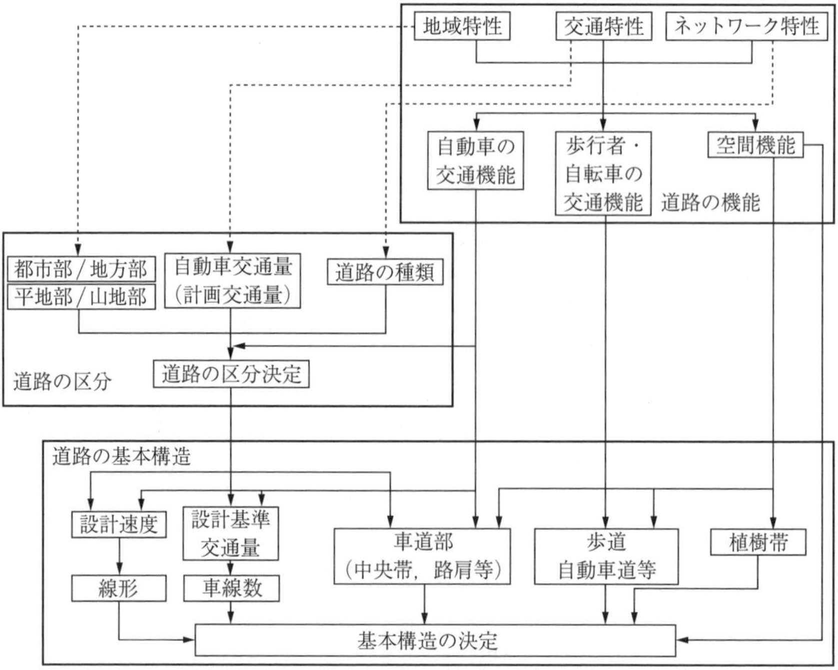

出典：日本道路協会：道路構造令の解説と運用 改訂版（2004）

図 5.5 道路構造の決定の流れ[1)]

行者，自転車の通行機能，アクセス機能，滞留機能および市街地形成や環境空間などの空間機能を確保できる構造とする必要がある。

5.4.3 道路の区分

道路の区分とは，道路の存する**地域**および**地形**の状況や**計画交通量**に応じ，同一の設計基準を用いるべき区間を道路の構造基準という観点から分類した道路の種類であり，**表 5.6** に示すとおりである。

まず，高速自動車国道および自動車専用道路とそれ以外の道路に大別し，それぞれの道路が存する地域が地方部か都市部かによって，第 1 種から第 4 種までに区分し，各道路の存在する地域の地形および計画交通量に応じて，級別に分類している。ここで都市部とは，市街地を形成している地域または市街地を形成する見込みの多い地域をいい，地方部とは都市部以外の地域をいう。

さらに，各種級区分の道路について，小型自動車，普通自動車，セミトレーラ連結車の通行の用に供することを目的とする**普通道路**（通常規格の道路）と，小型自動車等（道路構造令第 4 条第 2 項に規定）のみの通行の用に供することを目的とする**小型道路**の二つに区分されている。

このうち小型道路は，普通道路での整備が困難であること，自動車が沿道へアクセスする機能を持つ必要がない道路であること，当該道路の近くに大型の自動車が迂回することのできる道路があることの三つの条件をいずれも満たす場合に限り，適用することができる。

また，表 5.6 の**設計速度**とは，道路の設計の基礎となる自動車の速度であり，道路の**線形**や**幅員**と関連づけて設定されるものである。具体的には，「天候が良好でかつ交通密度が低く，車両の走行条件が道路の構造的な条件のみに支配される場合に，平均的な技量を持つ運転者が，安全にしかも快適性を失わずに走行できる速度」と定義づけられている。なお，道路交通法の交通規制による規制速度は則地的に定められており，一致しない場合もあり得る。

表 5.6　道路の種級区分の体系[1)]

	地域	種別	級別	設計速度〔km/h〕		出入制限	計画交通量〔台／日〕				適用
							30 000 以上	30 000 ～20 000	20 000 ～10 000	10 000 未満	
高速自動車国道および自動車専用道路	地方部	第1種	第1級	120	100	F	高速・平地				
			第2級	100	80	F・P	高速・山地	高速・平地			
							専用・平地				
			第3級	80	60	F・P		高速・山地		高速・平地	
							専用・山地		専用・平地		
			第4級	60	50	F・P				高速・山地	高速の設計速度は60のみ
									専用・山地		
	都市部	第2種	第1級	80	60	F	高速・専用・都心以外				
			第2級	60	50 40	F	専用・都心				

	地域	種別	級別	設計速度〔km/h〕		出入制限	計画交通量〔台／日〕						適用
							20 000 以上	20 000 ～10 000	10 000 ～4 000	4 000 ～1 500	1 500 ～500	500 未満	
その他の道路	地方部	第3種	第1級	80	60	P・N	国道・平地						
			第2級	60	50 40	P・N	国道・山地	国道・平地					
							県道，市道・平地						
			第3級	60 50 40	30	N		国道・山地		国道，県道・平地			
							県道，市道・山地			市道・平地			
			第4級	50 40 30	20	N				国道，県道・山地			
										市道・山地	市道 山地・平地		
			第5級	40 30 20	—	N						市道 山地・平地	小型道路を除く
	都市部	第4種	第1級	60	50 40	P・N	国道						
							県道，市道						
			第2級	60 50 40	30	N				国道			
									県道，市道				
			第3級	50 40 30	20	N				県道			
										市道			
			第4級	40 30 20	—	N						市道	小型道路を除く

（注 1）　表中の用語の意味は，つぎのとおりである。

高速：高速自動車国道　　専用：高速自動車国道以外の自動車専用道路
国道：一般国道　　県道：都道府県道　　市道：市町村道
平地：平地部　　山地：山地部　　都心：大都市の都心部
F：完全出入制限　　P：部分出入制限　　N：出入制限なし

（注 2）　設計速度の右欄の値は地形その他の状況によりやむを得ない場合に適用する。

（注 3）　表中の出入制限は普通道路を示したものであり，小型道路は完全出入制限を原則とする。

（注 4）　地形その他の状況によりやむを得ない場合には，級別は 1 級下の級を適用することができる。

出典：日本道路協会：道路構造令の解説と運用 改訂版（2004）

5.4.4　車線数の決定

道路の**車線数**は，最も基本となる道路構造である。車線数は**図 5.6** に示した

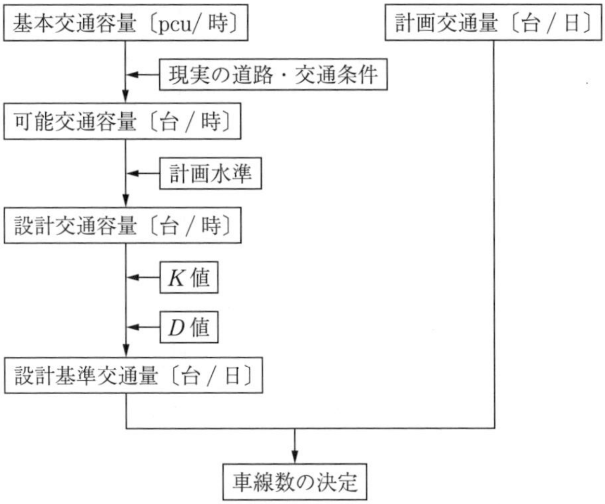

（注） pcu は passenger car unit の略（97ページ参照）。

図5.6 車線数の決定プロセス

とおり，将来の交通需要である**計画交通量**〔台/日〕と，ピーク特性などを考慮して算出した容量（単位時間当りどのくらいの交通をさばけるかを示した指標）である**設計基準交通量**（standard design volume）〔台/日〕とを勘案して決定される。

車線数は原則として，計画交通量を設計基準交通量で除した値で求められる。例えば，計画交通量が2車線道路の設計基準交通量を下回る場合には2車線道路となり，上回る場合には4車線などの多車線道路となる。

5.4.5 計画交通量と交通容量

〔1〕 **計画交通量と設計時間交通量**　計画交通量は，計画設計を行う路線の計画目標年次における**年平均日交通量**（annual average daily traffic，**AADT**）である。道路の構造基準は計画交通量のほか，大型車の交通量やトリップ長などの交通特性を考慮して決定されるが，それらの中で道路の構造に最も大きな影響を及ぼすのが計画交通量である。したがってその設定にあたっては，地域の発展の動向や将来の自動車交通の状況などに十分配慮する必要がある。

一般に計画交通量の予測方法は，自動車交通のみを対象に交通量を推計する方法と，パーソントリップ調査や物資流動調査などのデータを利用して，全体の交通手段における自動車交通の分担を考えた上で，道路交通量を推計する方法とに分けられる。

ここで，実際の交通量は1日の中でも大きく変動するが，交通運用の観点からは，計画交通量が道路の交通処理能力の範囲に収まっているかどうかが重要であることから，ピーク時間帯の1時間当りの交通量（ピーク時間交通量）を用いる必要がある。ただし実際には，ピーク時間帯の交通需要特性を把握し，円滑性と経済性を考慮した設計上考慮すべきピーク時の交通量を決める必要がある。このようにして決められるピーク時の1時間当りの計画交通量に相当するものが，**設計時間交通量**（design hourly volume）〔台/時〕である。

設計時間交通量には，1年間（8 760時間）の時間交通量を大きい順に並べた年交通量順位図における**30番目時間交通量**（30th highest hourly volume）を用いるという考え方が採用されている。これは**図5.7**に示すように，30番目交通量付近で年交通量順位図における曲線が比較的ゆるい勾配に変化することから，円滑性と経済性の観点から望ましいと考えられるためである。

ただし，将来の設計時間交通量については，将来の年交通量順位図がないため，この定義が適用できないという問題がある。一方，年交通量順位図の**30番目時間交通量と年平均日交通量の比率**（これを***K*値**という）については，

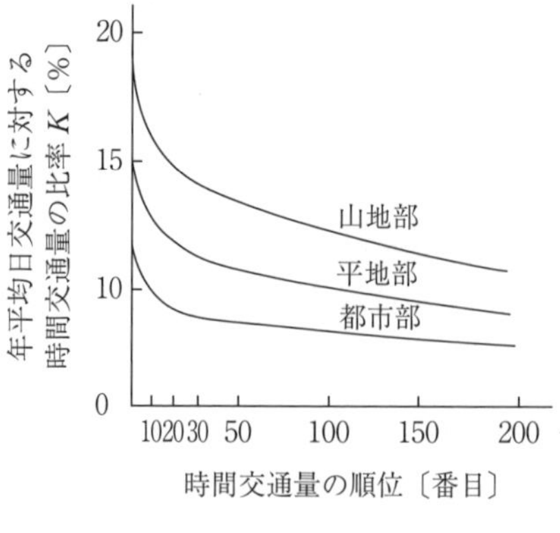

出典：日本道路協会：道路構造令の解説と運用 改訂版（2004）

図5.7　年平均日交通量と時間交通量との関係[1]

表 5.7　*K* 値と年間平均日交通量の経年変化[4]

区分		昭和年度				平成 12 年度常観データ		
		46	49	52	55	2 車線	多車線	全体
都市部（幹線）	*K* 値	8.0	8.4	7.5	7.6	8.5	7.5	8.0
	AADT	28 792	28 751	32 275	33 741	21 131	45 105	32 660
						(68)	(63)	(131)
都市部（その他）	*K* 値	8.5	8.6	8.2	8.2	7.9	7.5	7.6
	AADT	40 535	39 570	42 827	42 602	22 256	49 327	42 308
						(7)	(20)	(27)
地方部（幹線-平地部）	*K* 値	9.2	9.0	8.5	8.5	9.4	7.7	8.9
	AADT	18 789	21 308	22 864	23 923	18 241	48 216	26 757
						(63)	(25)	(88)
地方部（幹線-山地部）	*K* 値	9.6	9.7	9.6	9.6	10.0		10.0
	AADT	12 089	11 628	10 996	11 893	19 108		19 108
						(16)		(16)
観光道路	*K* 値	16.8	16.9	16.7	15.5	12.9	11.1	12.8
	AADT	6 299	6 969	8 230	8 709	11 810	20 687	12 277
						(54)	(3)	(57)
全道路	*K* 値	10.1	10.5	9.9	9.7	10.0	7.7	9.2
	AADT	21 523	21 997	23 640	24 430	17 718	45 906	27 527
					(456)	(208)	(111)	(319)

単位：上段〔%〕，下段〔台 / 日〕

(注 1)　昭和のデータの出典は「道路の交通容量」（日本道路協会）。
(注 2)　(　) 内の数値は地点数。
出典：交通工学研究会編：交通工学ハンドブック 2008

これまでさまざまな条件下での実績値が蓄積されているので，この *K* 値を用いて設計時間交通量を求める。ここで，*K* 値の例を**表 5.7** に示す。

K 値の一般的な傾向として，人口密度の低い地方部の道路や交通量の季節的変動の大きい路線などではかなり大きく，都市部の道路や幹線道路としての性格が強い路線ほど小さくなることが知られている。

なお，日交通量あるいは設計交通量は通常，**往復交通量**で扱われる。設計時間交通量が実現するのは平均的な 1 日のピーク時と考えられるので，このときの**重方向交通量**（交通量が多い方向の交通量）の往復交通量に対する比をもって重方向率（これを ***D* 値**という）を推定することができる。設計時間交通量に *D* 値を乗ずれば，重方向片側設計時間交通量が求められる。

設計時間交通量（両方向合計）〔台/時〕

　＝計画交通量〔台/日〕×(K〔%〕÷100)

設計時間交通量（重方向）〔台/時〕

　＝計画交通量〔台/日〕×(K〔%〕÷100)×(D〔%〕÷100)

ここで，K〔%〕は計画交通量（年平均日交通量）に対する設計時間交通量（通常は30番目時間交通量）の割合，D〔%〕は往復合計交通量に対する重方向交通量の割合である。K値は通常10％前後であり，道路の性格や地域の特性によっておおむね7～25％の範囲にわたる。D値は都市部で55％程度，地方部では55～60％程度となっている。

このようにして得られた設計時間交通量を，〔2〕で後述する考え方により求められる設計交通容量と比較して，交通需要が交通容量を上回らないように車線数を決定するのが基本的な考え方である。

ただし，計画目標年次の交通量をピーク時間特性まで含めて予測することは困難であることや，全国的な整合性を保持するという行政上の判断から，5.4.4項で述べたとおり，道路構造令では，道路の車線数の決定には**計画交通量**〔台/日〕を用いることとし，これとピーク特性（K値やD値）などを考慮して求めた**設計基準交通量**〔台/日〕とを勘案して車線数を定めるものとしている（図5.6参照）。

〔2〕 交通容量とサービス水準　道路の**交通容量**とは，一定の道路条件や交通条件の下で，ある一定時間内にある道路の断面を通過することが期待できる**自動車の最大数**をいい，道路が自動車をさばく能力である。道路の交通容量は，道路区間の種類によって概念，考え方，値が異なる。代表的な道路区間には，単路部，平面交差点，織込み区間，ランプ部などがある。通常，道路計画における車線数決定の段階では，単路部の交通容量を対象とする。単路部の交通容量には，**基本交通容量**，**可能交通容量**，**設計交通容量**の3種類の概念が存在する。

〔a〕 基本交通容量　**基本交通容量**（basic capacity）とは，道路条件および交通条件が**基本的な条件**を満たしている場合に，単位断面を1時間に通過し得る乗用車の台数をいい，どの道路の交通容量を算定する場合にも基本となる交通容量である。基本交通容量は，多車線道路（一方向に複数の車線がある道路）では**2 200 pcu/時**，2方向2車線の道路では両方向合計で**2 500 pcu/時**である。なお，pcu とは passenger car unit の略で，乗用車換算台数と呼ばれている。ここで，基本的な道路条件とはつぎの3点である。

- 車線の幅員が交通容量に影響を与えない程度に十分あること（3.50 m 以上）。
- 路側にある障害物（擁壁，電柱，ガードレール，道路標識など）までの距離（側方余裕幅）が，交通容量時の速度に影響を与えない程度以上に確保されていること（側方余裕幅が 1.75 m 以上）。
- 縦断勾配，曲率半径，視距（車線の中心線上 1.2 m の高さから当該車線の中心線上にある高さ 10 cm の物の頂点を見通すことができる距離を，当該車線の中心線に沿って測った長さ），その他の線形条件が，交通容量時の速度に影響を与えない程度に良好であること。

また，基本的な交通条件とはつぎの2点である。

- 交通容量を減少させるトラックなどの大型車，自動二輪車や自転車，歩行者などを含まず，乗用車だけから構成されていること。
- 交通容量時の速度に影響を与えるような速度制限がないこと。

ここで，2方向2車線道路の交通容量は両方向合計値によって表現されるが，これは，各方向の交通量分布によって交通容量がほとんど変わらないとみなしていること，2方向2車線道路は通常往復別に分離されておらず，両方向の交通が相互に影響を及ぼし合うため合計値で考えることが便利であることによる。

なお，2方向2車線道路の交通容量は，方向別交通量の分布によって影響を受けることも十分考えられるが，いまのところ定量的に解明されてはいない。また，1方向道路（一方通行道路）については，多車線道路と同じく1車線当り 2 200 pcu/時とする。

〔**b**〕 **可能交通容量**　**可能交通容量**（possible capacity）とは，対象とす

る道路の現実の**道路条件**および**交通条件**の下で，通過することが期待できる乗用車の最大数である。実際の道路では，道路条件や交通条件が上述したような基本条件をすべて満たすとは限らない。そのため，可能交通容量を算定するためには，その道路の実際の条件に応じて基本交通容量の値を補正する必要がある。可能交通容量に影響を及ぼす要因は，**道路要因**と**交通要因**の二つに分類される。

【道路要因】

道路要因とは，交通容量に影響を及ぼす要因のうち，道路の幾何構造に関する物理的な掲示に基づくものをいう。具体的には，車線幅員，側方余裕幅，付加車線，路面状態，線形，勾配などが挙げられる。

- 車線幅員： 車線幅員 3.25 m より小さい場合に補正する。
- 側方余裕幅（車道端から路側にある側方障害物（擁壁，電柱，道路標識，ガードレール）： 側方余裕幅が 0.75 m より小さい場合に補正する。
- 縦断勾配： 上り勾配区間では，大型車混入率が一定水準以上の場合に補正する。
- 沿道要因： 沿道の市街化の進行状況に応じて容量が低下する。

【交通要因】

交通要因とは，道路を利用する交通の質に基づくものをいう。具体的には，大型車や動力付き二輪車，自転車の存在などである。

- 大型車： 道路上の占有面積と動力性能の観点から**乗用車換算係数**（**表 5.8** 参照）を用いて容量低下の要因を考慮する（乗用車換算係数は，大型車の混入率，車線数，勾配の程度と長さなどによって変化し，勾配が急で

表 5.8　大型車の乗用車換算係数[9)]

車線数	乗用車換算係数	
	都市部，平地部	山地部
2 車線	2.0	3.5
他車線	2.0	3.0

出典：日本道路協会：道路の交通容量（1984）

表 5.9　動力付き二輪車と自転車の乗用車換算係数[9)]

区分	動力付き二輪車	自転車
地方部	0.75	0.50
都市部	0.50	0.33

出典：日本道路協会：道路の交通容量（1984）

長いほど大きくなる)。

- 動力付き二輪車，自転車： 同様に乗用車換算係数（**表5.9**参照）を用いて考慮する。

以上より可能交通容量の値は，基本交通容量の値に道路要因および交通要因の各種要因の補正係数を乗じて求められる。

$$C=C_B\times\gamma_1\times\gamma_2\times\gamma_3\times\cdots$$

ここで，Cは可能交通容量，C_Bは基本交通容量，γ_i（$i=1,\ 2,\ 3,\ \cdots$）は各種要因による補正係数である。

具体的には，車線幅員，側方余裕幅，沿道条件による補正率，大型車混入による補正率，二輪車等の混入について，補正率が提示されている。これら以外の補正係数が定められていない要因については，現状では考慮しないこととされている。

〔**c**〕 **計画水準と設計交通容量**　**設計交通容量**（design capacity）とは，ある一定の交通サービスの質である**計画水準**（service level）を保つことができるようにその道路で確保すべき交通容量であり，道路の計画，設計上，年間を通じて提供すべきサービスの質の程度に応じて規定される。このサービスの質は道路の種類によって異なり，また同一道路であっても，混雑状況など多様な要因によって異なる。したがってサービス水準は，道路交通の運用状態について評価を行う段階的な尺度として定められるものである。

わが国の設計基準では，この交通サービスの質の程度に応じて3種類の計画水準が設定されており，これを**表5.10**に示す。計画水準別に定められた低減率を可能交通容量に乗ずることで，設計交通容量が算定される。

表5.10　計画水準[9)]

計画水準	低減率（交通量・交通容量比）	
	地方部	都市部
1	0.75	0.80
2	0.85	0.90
3	1.00	1.00

出典：日本道路協会：道路の交通容量（1984）

設計交通容量＝可能交通容量×計画水準ごとの低減率

ここで，計画水準の内容はつぎのとおりである。

計画水準 1： 計画目標年次において，予想される年間最大ピーク時間交通量が可能交通容量を超えることはない。30番目時間交通量が流れる状態においては，ある速度（速度の自由な選択はできない）での定常的走行が可能である。

計画水準 2： 計画目標年次において，年間10時間程度は予想されるピーク時間交通量が可能交通容量を超えて大きな交通渋滞を発生することがある。30番目時間交通量が流れる状態においては，一定速度の走行は難しくなり，速度の変動が現れる。

計画水準 3： 計画目標年次において，年間30時間程度は予想されるピーク時間交通量が可能交通容量を超えて大きな交通渋滞を発生する。30番目時間交通量が流れる状態においては，走行速度はつねに変動し，停止に至ることもある。

第1種道路においては計画水準1で設計するものとされ，その他の道路では，通常は計画水準2で設計される。サービスの質がさらに低い状態として，低減率1.0に相当する計画水準3が定められているが，これはまったく余裕のない設計に相当し，実際の計画や設計に用いられることはない。

〔**d**〕 **設計基準交通量**　　**設計基準交通量**〔台/日〕は，道路当りまたは1車線当りの自動車の**最大許容交通量**であり，道路の車線数決定の基準となる交通容量である。これは，対象とする道路の構造条件と交通条件の標準値を想定し，計画水準を考慮して算定した設計交通容量〔台/時〕を，標準的なK値とD値を介して日単位に換算したものであり，間接的にサービス水準が反映されている。

設計基準交通量は，道路構造令（第5条）において，道路の種級区分および地形区分ごとに定められており，これらを**表5.11**，**表5.12**に示す。

道路の種級区分および地形が表5.11の中にあって，その計画交通量が設計基準交通量以下である場合は2車線とする。なお，交差点の多い第4種の道路

表 5.11　設計基準交通量

区分		地形	設計基準交通量（単位1日につき台）
第1種	第2級	平地部	14 000
	第3級	平地部	14 000
		山地部	10 000
	第4級	平地部	13 000
		山地部	9 000
第3種	第2級	平地部	9 000
	第3級	平地部	8 000
		山地部	6 000
	第4級	平地部	8 000
		山地部	6 000
第4種	第1級		12 000
	第2級		10 000
	第3級		9 000

（注）　交差点の多い第4種の道路については，この表の設計基準交通量に0.8を乗じた値を設計基準交通量とする。

表 5.12　1車線当りの設計基準交通量

区分		地形	1車線当りの設計基準交通量（単位1日につき台）
第1種	第1級	平地部	12 000
	第2級	平地部	12 000
		山地部	9 000
	第3級	平地部	11 000
		山地部	8 000
	第4級	平地部	11 000
		山地部	8 000
第2種	第1級		18 000
	第2級		17 000
第3種	第1級	平地部	11 000
	第2級	平地部	9 000
		山地部	7 000
	第3級	平地部	8 000
		山地部	6 000
	第4級	山地部	5 000
第4種	第1級		12 000
	第2級		10 000
	第3級		10 000

（注）　交差点の多い第4種の道路については，この表の設計基準交通量に0.6を乗じた値を設計基準交通量とする。

では，表5.11の設計基準交通量に0.8を乗じてこれを適用する。それ以外の道路の車線数は4以上の偶数とし，当該道路の計画交通量を表5.12の1車線当りの設計基準交通量で除した値から決定する。なお，交差点の多い第4種の道路では表5.12の設計基準交通量に0.6を乗じてこれを適用する。

5.5　道路整備の主体と費用負担

道路の整備に関する費用は，道路法において，原則として当該道路の道路管理者が負担するものとされている。したがって，指定区間内の国道については国が，指定区間外の国道については都道府県および政令市が，その他の道路に

表 5.13　道路整備事業に係る国の負担・補助[3)]

<table>
<tr><th colspan="2" rowspan="2">道路の種類</th><th rowspan="2">道路管理者</th><th rowspan="2">費用負担</th><th colspan="2">国の負担・補助の割合</th></tr>
<tr><th>新設・改築</th><th>維持・修繕</th></tr>
<tr><td rowspan="2">高速自動車国道</td><td>有料道路方式</td><td rowspan="2">国土交通大臣
【高速自動車国道法 6 条】</td><td>高速道路会社</td><td colspan="2">会社の借入金で新設・改築・修繕等を行い，料金収入で上記に係る債務および管理費を賄う。
【道路整備特別措置法 3 条など】</td></tr>
<tr><td>新直轄方式</td><td>国
都道府県
(政令市)</td><td>3/4 負担
【高速自動車国道法 20 条 1】</td><td>10/10 負担
【高速自動車国道法 20 条 1】</td></tr>
<tr><td rowspan="2">一般国道</td><td>直轄国道</td><td rowspan="2">〈新設または改築〉
国土交通大臣
【道路法 12 条】
〈維持，修繕，その他の管理〉
指定区間：国土交通大臣
その他：都府県(政令市)
【道路法 13 条】</td><td>国
都道府県
(政令市)</td><td>2/3 負担
【道路法 50 条 1】</td><td>10/10 負担
【道路法 49 条】</td></tr>
<tr><td>補助国道</td><td>国
都府県
(政令市)</td><td>1/2 負担
【道路法 50 条 1】</td><td>維持：—
【道路法 49 条】
修繕：1/2 以内　補助
【道路法 56 条】</td></tr>
<tr><td colspan="2">都道府県道</td><td>都道府県
(政令市)
【道路法 15 条】</td><td>国
都道府県
(政令市)</td><td>1/2 以内　補助
【道路法 56 条】</td><td>維持：—
【道路法 49 条】
修繕：1/2 以内　補助
【道路の修繕に関する法律 1 条 1】</td></tr>
<tr><td colspan="2">市町村道</td><td>市町村
【道路法 16 条】</td><td>市町村</td><td>1/2 以内　補助
【道路法 56 条】</td><td>維持：—
【道路法 49 条】
修繕：1/2 以内　補助
【道路の修繕に関する法律 1 条 1】</td></tr>
</table>

ついては道路管理者である地方自治体が，それぞれ新設，改築等の管理費用を負担する（**表 5.13** 参照）。

なお，例えば指定区間内の国道についても，その効果や受益が地元の都道府県にも具体的に波及することから，受益に対して相応の負担を求めている。また，指定区間外の国道や都道府県道，市町村道についても，国として特に関与すべきものに限定して，補助金等が交付されている。

5.6 道路と鉄道の立体交差化

5.6.1 立体交差化の概要

道路と鉄道の**立体交差化**は，都市における道路交通の円滑な運用の観点から重要な事業である。道路と鉄道を立体交差化させるおもな方式には，道路が鉄道を越える（オーバーパス），くぐる（アンダーパス）方式の**単独立体交差化**と，鉄道の一定区間を高架化または地下化する方式である**連続立体交差化**がある。単独立体交差化は，特定の道路と鉄道の交差部に限定した立体交差方式であることから，土地利用が進んだ市街地においては，つぎのような視点から整備効果に限界があると指摘されている[2)]。

- 市街地部には，鉄道と交差する幹線道路が比較的短い間隔で多数存在あるいは計画されており，個々に単独立体交差化を行うよりは，鉄道の一定区間を高架化または地下化するほうが経済的に見て有利な場合がある。
- 仮に個々の幹線道路をすべて単独立体交差化した場合でも，市街地部においては多数の細街路の踏切道が残されたままとなり，踏切事故の危険などが放置される。
- 個々の幹線道路をすべて立体交差化することは，幹線道路の交差点密度が高く，沿道を中心に稠《ちゅう》密な土地利用が行われている市街地では事実上困難である場合が多い。

このため，これまで多数の区間において，連続立体交差化が進められてきている。

5.6.2 連続立体交差化

連続立体交差化は，市街地において鉄道の一定区間を**高架化**または**地下化**することによって多数の**踏切**を除却し，踏切による**道路渋滞**や**交通事故**を解消するとともに，鉄道により分断された**市街地の一体化**を促進する事業である（**図 5.8**，**図 5.9**（a）参照）。具体的には，「鉄道と幹線道路が 2 か所以上において交差」し，「その交差する両端の幹線道路の中心間距離が 350 m 以上ある鉄道

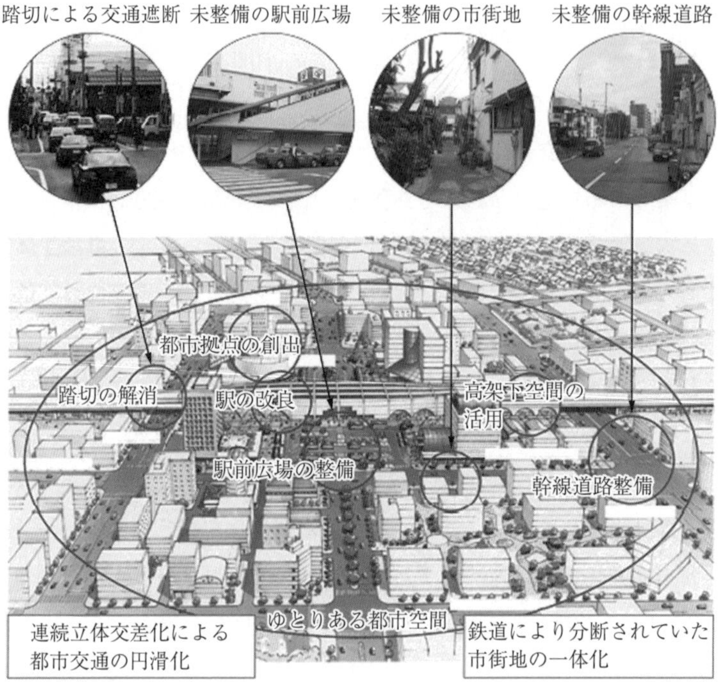

図 5.8　連続立体交差化による効果[10]

（注）　著者撮影

（a）　連続立体交差化の例（西武池袋線）

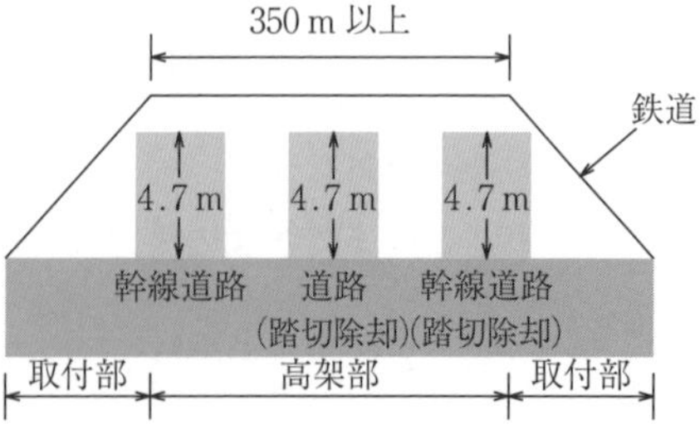

出典：土木計画学研究委員会編：交通社会資本制度 ― 仕組と課題，土木学会（2010）

（b）　連続立体交差化の概念図[3]

図 5.9　連続立体交差化の概要

区間について，鉄道と道路とを同時に3か所以上において立体交差」し，「2か所以上の踏切道を除却」することを目的として，鉄道の「施工基面を沿線の地表面から離隔して，既設線に相応する鉄道を建設すること」と定義されており，「既設線の連続立体交差化と同時に鉄道線路を増設することを含むもの」とされている。この定義に最小限合致する連続立体交差化の概念は，図5.9（b）に示すとおりである。

5.6.3　立体交差化の計画

立体交差化の計画にあたっては，道路と鉄道双方の将来計画を十分に考慮するとともに，当該計画地点だけでなく，道路全体としてバランスのとれた計画となるように留意する必要がある[1)]。

計画の策定においては，車両，歩行者，自転車を対象に踏切通過交通量を計測するとともに，踏切の遮断・開放時間も計測する。また，工法については，一般に単独立体交差化の場合は，道路をオーバーパス化するかアンダーパス化するかの検討を，連続立体交差化の場合は，鉄道を高架化するか地下化するかの検討を行う。その後，都市計画決定や環境アセスメントなどの各種行政手続きを経て，施工へと進む。近年，都市部においては，用地取得の困難性や沿線環境への配慮から，地下方式の採用も見られるようになっている。

なお，道路と鉄道の立体交差化は，道路整備の一環として実施されているが，このうち連続立体交差事業については，高架化に伴う受益相当分を鉄道事業者が負担している（107ページのコラム参照）。

コ ラ ム

ボトルネック踏切（開かずの踏切）

国土交通省によると，踏切待ちによる時間損失額は年間1兆4千億円にも達しており，経済活動に多大な影響を及ぼしている。このうち，「ピーク1時間当りの遮断時間が40分以上，または踏切交通遮断量（自動車1日当りの交通量×1日当りの踏切遮断時間）が5万 台･時/日以上」の**ボトルネック踏切**が全国で多数存在している（図を参照）ことから，引き続き，取り組みが求められる。

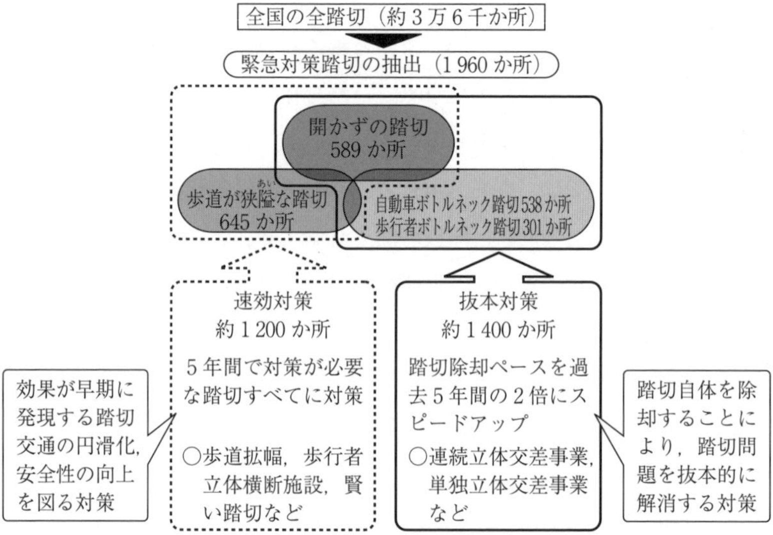

【開かずの踏切】　ピーク時間の遮断時間が40分/時以上の踏切
【自動車ボトルネック踏切】　1日の踏切自動車交通遮断量が5万以上の踏切
【歩行者ボトルネック踏切】　1日当りの踏切自動車交通遮断量と踏切歩行者等交通遮断量の和が5万以上，かつ1日当りの踏切歩行者等交通遮断量が2万以上になる踏切

＊　踏切交通遮断量＝交通量 × 踏切遮断時間

（注）　緊急対策が必要な踏切については，対策の進展などを踏まえた見直しが行われるとともに，新たに通学路における対策が必要な踏切や事故が多発している踏切が追加され，2016（平成28）年に1 479か所（重複を除く）が抽出されている。このうち，開かずの踏切は532か所，自動車ボトルネック踏切は408か所，歩行者ボトルネック踏切は599か所，歩道が狭隘な踏切は164か所，通学路要対策踏切は159か所，事故多発踏切は83か所である[11]。

図　緊急対策が必要な踏切（2007年4月公表）[12]

連続立体交差事業における費用負担

連続立体交差事業における費用負担のルールは，1969（昭和44）年に，当時の建設省と運輸省の間で統一的な取り扱いを定めた建運協定が締結され，長らく運用されてきたが，2004（平成16）年に，「都市における道路と鉄道との連続立体交差化に関する要綱および同細目要綱」（連立要綱・細目要綱）として改められた。この要綱については，2007（平成19）年に，鉄道事業者の基本となる費用負担率を東京23区は15％，人口30万人未満の地方都市は4％とする見直しが行われ，併せて，沿線の土地利用状況や高架下利用比率に応じて費用負担率を設定できる措置が新たに講じられた。さらに2005（平成17）年度には，都道府県および政令市に限定されていた事業主体を拡充し，県庁所在都市およびそれに準ずる都市（人口20万人以上の都市および特別区）が追加されている。

なお，連続立体交差事業は，これまで道路整備の一環として道路事業費を活用した国庫補助事業として実施されてきたが，2010（平成22）年度に社会資本整備総合交付金が創設されたことを受け，今後については，同交付金を活用した基幹的な道路事業として整備されることになった。

具体的には，従来の国庫補助採択という行為がなくなったことから，連立要綱・細目要綱で規定されている連続立体交差化の条件に合致する事業とし，事業施工方法，費用負担，連続立体交差化に関する必要な事項については，連立要綱・細目要綱に基づいて進めることとなった[13)]。

演習問題

〔5.1〕　道路の機能を二つ挙げて，それらの内容を述べよ。

〔5.2〕　道路法に基づく道路を挙げよ。

〔5.3〕　道路計画の策定において留意すべき事項を挙げよ。

〔5.4〕　道路の容量を三つ挙げて，それらの内容を述べよ。

〔5.5〕　つぎの用語を説明せよ。

道路構造令，　設計速度，　30番目時間交通量

6章 公共交通の計画

◆本章のテーマ

本章では，鉄道や軌道，バスなどの公共交通を取り上げて，それらの整備や運営のための計画，制度について説明する。また，人口減少社会の到来によって重要性が高まっている地域公共交通の計画についても解説する。

◆本章の構成（キーワード）

6.1　多様な公共交通機関
　　輸送力，導入空間，最高速度，建設費
6.2　鉄道の計画
　　運輸政策審議会答申，都市鉄道，地域鉄道
6.3　軌道系交通の計画
　　都市モノレール，新交通システム，路面電車，LRT
6.4　バスの計画
　　乗合バス，コミュニティバス，デマンドバス，規制緩和
6.5　地域公共交通の計画
　　地域公共交通活性化・再生法
6.6　交通結節点の計画
　　駅前広場，交通結節機能，都市の広場機能

◆本章を学ぶと以下の内容をマスターできます

☞　鉄道，軌道，バスなどの公共交通の計画の内容

6.1 多様な公共交通機関

公共交通機関（public transportation）とは，不特定多数の人が利用可能な交通機関であり，公共輸送機関ともいう。広義には，航空輸送，船舶輸送，鉄道，新交通システム，路面電車，バス，タクシーなどを指し，狭義には，タクシーを除いた中量以上の交通機関を指す。

都市内の公共交通機関には，普通鉄道，小型鉄道，モノレール，新交通システム，路面電車，バスなど多様な交通機関が存在し，輸送力，走行性能，整備費などが異なっており，都市の人口規模や導入空間など地域の実情に合わせて導入されている1)。

これらの交通機関のうち，軌道系交通機関の輸送力，導入空間，最高速度，建設費などの特性を整理したものを**表 6.1** に示す。普通鉄道および小型鉄道は，輸送力は大きく最高速度も高い一方，建設費も高くなっている。また，小型鉄道は断面が小さく，一般に普通鉄道より建設費を安く抑えることができるといわれているが，既存事例では整備時期が新しく地下深い位置に整備されているため，割高な建設費となっている。なお，モノレール，新交通システム，**HSST**（high speed surface transport）については，輸送力，最小曲線半径，最急勾配，建設費等において類似点が多く見られる。

6.2 鉄 道 の 計 画

6.2.1 鉄道の特性と役割

鉄道（railway）は，大量性，高速性，安定性，安全性などの特性を持つ交通機関であり，他の輸送機関に比べて，省エネルギーで CO_2 の排出が少ないという特徴がある。鉄道の役割は幅広く，都市間鉄道は新幹線を中心に中長距離帯において主要な役割を担っており，地域間の交流の促進に寄与している。また，都市鉄道は通勤・通学輸送のみならず，豊かで快適な都市生活を送る上で欠かせない交通機関であり，都市の魅力向上，都心部の活性化などの都市機

表6.1　軌道系交通機関の特性[1)]

対象 システム	普通鉄道	小型鉄道	モノ レール	新交通 システム	HSST	ガイド ウェイ バス	路面電車	LRT
① 輸送力 〔千人/時〕	27 ～ 68	18 ～ 36	9 ～ 28	11 ～ 16	11 ～ 22	2 ～ 10	2 ～ 7	4 ～ 14
② 導入空間〔m〕	約 9 ～ 10	約 7 ～ 8						
③ 最高速度 〔km/h〕	76	70	69	60	100	60	40（併用 軌道）	60 ～ 120 （海外導入 実績）
④ 最小曲線半径	160	100	100	100	100	100	11	20 （海外導入 実績）
⑤ 最急勾配〔‰〕	35	60	60	60	60	60	40	100 （海外導入 実績）
⑥ 建設費 〔億円/km〕	200 ～ 300 （地下鉄）		120	90	120	60	20 ～ 30	20 ～ 80 （海外導入 実績）

（注1）　車両幅が3m程度の鉄道を普通鉄道，2.5m程度の鉄道を小型鉄道としている。
（注2）　小型鉄道のデータはすべてリニア方式のものである。
（注3）　①輸送力は一定の条件に基づく試算値である。
（注4）　②導入空間は高架の場合における一般部躯《く》体幅であり，必要道路幅と異なる。
（注5）　③最高速度は対象路線（下記参照）の実績値の平均である。
（注6）　③路面電車の最高速度は，新設軌道では「鉄道に関する技術上の基準を定める省令」（第103条）を準用している。
（注7）　④最小曲線半径と⑤最急勾配は制度上の規定値である。
（注8）　⑥建設費には用地費，車両費を含む。

＊ 対象路線：

普通鉄道（地下鉄）：6事業者10路線（札幌市交通局（東西線等），仙台市交通局（南北線）等）

小型鉄道（地下鉄）：3事業者3路線（大阪市交通局（長堀鶴見緑地線），神戸市交通局（海岸線）等）

モノレール：7事業者9路線（東京モノレール（羽田線），多摩都市モノレール（多摩都市モノレール線）等）

新交通システム：8事業者9路線（ゆりかもめ（東京臨海新交通臨海線），埼玉新都市交通（伊奈線）等）

HSST：1事業者1路線（愛知高速交通（東部丘陵線））

ガイドウェイバス：1事業者1路線（名古屋ガイドウェイバス（ガイドウェイバス志段味線））

路面電車：7事業者7路線（札幌市交通局（一条・山鼻軌道線），京福電鉄（嵐山軌道線）等）

出典：財団法人 運輸政策研究機構：活力ある暮らしを支える鉄道を目指して ― 第3回鉄道整備等基礎調査報告シンポジウム（2005）

能の向上に貢献している。

6.2.2 鉄道整備のプロセス

鉄道の整備は，構想の立案，基本計画の策定，整備計画の策定，各種行政手続きを経て工事着手し，開業に至るというプロセスを経る。具体的な手続きは，新幹線鉄道とそれ以外の都市鉄道等では異なり，新幹線鉄道は法律に基づいて計画が策定される（7.3節参照）。以下では，都市鉄道整備のプロセスについて述べる。

都市鉄道整備のプロセスは，**図6.1**に示したとおり，まず，鉄道事業者や地方自治体による構想を基に，国の審議会（交通政策審議会や地方交通審議会）において，現状の問題の確認，**将来需要予測**，**費用対効果分析**，**財務分析**が行

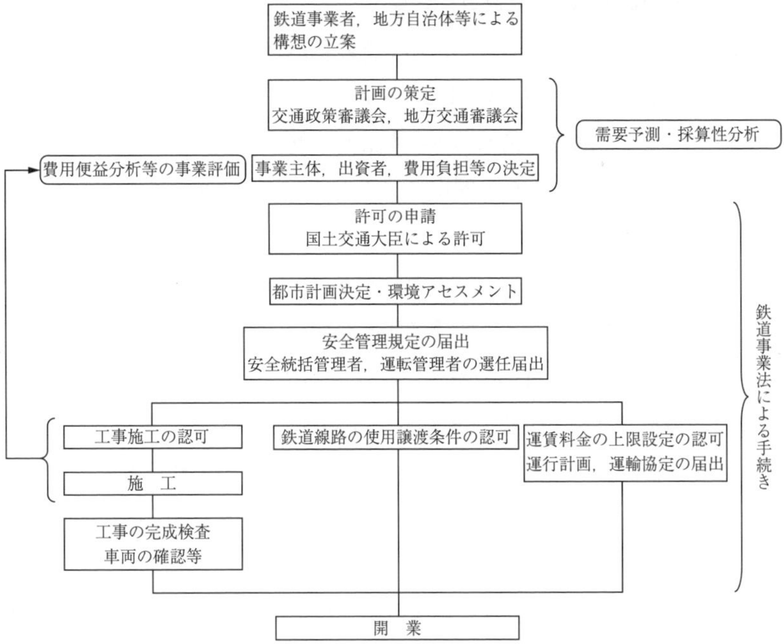

（注）　文献2）を基に作成。

図6.1　都市鉄道整備のプロセス[2)]

われ，おおむねのルートと整備着手年次などの**基本計画**が示される。つぎに，整備主体，運営主体，資金調達方策，費用負担などの**整備計画**が決定され，補助金の採択手続きや鉄道事業法に基づく鉄道事業の許可申請が行われる。そして，**環境アセスメント**の実施，都市施設としての**都市計画決定**が行われ，工事施行認可を受けて工事着手に至る。以降，運賃・料金の上限設定の認可申請，運行計画，運輸協定の届出などの手続きが行われ，開業となる。

このうち運行計画では，将来の輸送需要と期待されるサービス水準を踏まえて，列車ダイヤ，所要編成数，編成車両数，車両更新期間などが検討される。この運行計画に基づいて，業務別（運転，駅務，保守，管理等）の要因数などの要員計画が検討される。

6.2.3　国の審議会答申に基づく計画

東京圏，大阪圏，名古屋圏の三大都市圏の鉄道整備計画については，国の審議会（運輸政策審議会（現在の交通政策審議会），地方交通審議会）から，長期的な展望に立った鉄道整備の基本的な計画が答申されており，都市部における新線建設の多くは，これらの答申に位置づけられた路線である。過去の主要な答申の概要を**表 6.2** に示す。

この答申に法的な根拠はないものの，答申策定にあたっては，国，地方自治体，鉄道事業者，有識者などの関係者間で長期間にわたって検討・調整されており，答申時点における計画の整合性は確保されている[3)]。また，東京圏の計画の場合，2000（平成 12）年の運輸政策審議会答申第 18 号では，「目標年次までに開業することが適当である路線」，「目標年次までに整備着手することが適当である路線」，「今後整備について検討すべき路線」など，路線の熟度に応じた位置づけがなされた。

なお，社会経済情勢の変動などにより当初の前提条件が変化する場合も考えられるため，定期的に整備状況等のフォローアップを行い，社会状況に応じた円滑な整備方策の検討を実施することが必要である。東京圏では，2016（平成 28）年に新しい答申がとりまとめられており，6.2.6 項で後述する。

表 6.2　三大都市圏の鉄道計画（運輸政策審議会答申）の概要[4)]

政策目標 ＼ 対象答申		東京圏 第 7 号（1985 年）	大阪圏 第 10 号（1989 年）	名古屋圏 第 12 号（1992 年）	東京圏 第 18 号（2000 年）
① 輸送力増強（新線整備，複々線化等）による混雑緩和	【通勤通学時の混雑緩和】	・最混雑区間の最混雑 1 時間混雑率が約 200 %超路線について新線建設，複々線化	・既設路線活用，運転本数増加，列車長編成化・急行列車等の輸送力増強	・新線，複線化等による輸送力増強・混雑緩和 ・運転本数増，列車の長編成化	・複々線化，平面交差解消，運行本数増加，車両長編成化 ・オフピーク通勤・混雑区間長短縮
	【混雑緩和の水準等】	・最混雑 1 時間の平均混雑を約 220 %から 2000 年に約 180 %以内	・2005（平成 17）年には，混雑率約 150 %	・2008（平成 20）年には，混雑率約 150 %	・平均混雑率を 150 %まで改善 ・180 %以上の混雑区間長短縮
② 都市構造の形成・まちづくり支援	【都市機能の向上】	・人口の外延化やニュータウン計画への対応 ・副都心機能の強化および業務核都市の育成	・大規模プロジェクト（関空，学研都市等），新しい開発拠点，市街地再開発拠点等への対応	・一極集中構造の是正 ・多極化の推進に伴う各拠点との連絡強化 ・既存集積地と各プロジェクト拠点間の連絡強化	・郊外部から東京中心部，都心，副都心，業務核都市間を結ぶ高速広域鉄道ネットワークの整備
	【航空，新幹線等との連絡強化】	・空港計画等への対応	・関西国際空港への対応	—	・成田・羽田空港，東京・品川新駅・新横浜駅への所要時間，乗り換え回数等の改善
③ 速達性，快適性の向上等輸送サービスの高質化	【到達時分の短縮】	・郊外居住地の大部分から東京，横浜等の業務集積地へ約 90 分以内で到達可能	・急行，快速運転の充実，列車の高速化等による到達時間の短縮	・スピードアップや快速運転の充実	・最混雑時間帯の速達性向上 ・シームレス化（相互直通運転，同一ホーム等） ・追越線整備による急行運転拡大
	【利用者ニーズの多様化等への対処】	・鉄道相互の乗継ぎ利便性に配慮，出発地から目的地までの移動の連続性確保 ・鉄道網の経路等の情報提供，身障者への配慮	・相互直通運転の実現，路線間の連絡向上 ・既設路線の補完のための新線建設 ・乗継ぎ利便に資する施設，駅配置 ・エスカレーター等の設置，冷房化等 ・運行時間拡大，利用しやすいダイヤ設定，情報案内	・新駅設置，相互直通運転，同一方面，同一ホーム方式等による乗継ぎ利便向上 ・パークアンドライド駐車場，駅前広場整備等による鉄道とフィーダー交通機関との連携強化 ・エスカレーター等の設置，冷房化等 ・運行時間拡大，利用しやすいダイヤ設定，情報案内	・バリアフリー化 ・シームレス化（バスターミナル整備，パークアンドライドシステム等） ・利用しやすく多様な運賃，料金の設定 ・乗継ぎ運賃の是正，各種サービスの相互連携 ・IC カードの導入，情報提供
④ 持続可能な輸送サービスの確保	【方策等】	・適切な運賃水準維持 ・定期割引率の是正 ・開業当初の需要が小さく経営が困難な路線への支援	・建設費の低減 ・建設資金の確保 ・第三セクターの検討等	・建設費の低減 ・建設資金の確保 ・第三セクターの検討等	・上下分離方式等の整備，運営主体の検討 ・公的支援措置を含めた資金の確保の検討

一方，他の地方部においても，各主要ブロック単位で設置されている地方交通審議会において，鉄道整備をはじめとする地域公共交通体系の整備にかかわる基本的な方針がとりまとめられている。

6.2.4　鉄道事業の規制緩和

鉄道事業は，かつて免許制による**需給調整規制**（供給輸送力が輸送需要に対して不均衡とならないための規制）が行われてきたが，多様かつ良質なサービスを提供することを目的として，1999（平成11）年に**鉄道事業法**が改正され，路線ごとに事業の計画の経営上および安全上の適切性などについて審査を行う許可制となった。事業の許可にあたっては，事業計画が適切なものであるか，事業計画が輸送の安全上適切なものであるか，事業遂行に必要な能力を有するかなどの観点から審査が行われる。

また，運賃についても，国の認可を受ける必要があったが，同じく1999年の鉄道事業法改正により，運賃の上限のみを認可し，その認可された上限の範囲内での事前届出制に変更された。

なお，わが国の鉄道事業の経営は運賃・料金収入により償うことを原則としており，運賃・料金は利用者が直接負担する。したがって，運賃・料金は利用者の保護および鉄道経営の安定化という視点から適切なものであることが必要であり，運賃等の上限の認可にあたっては，能率的な経営の下における適正な原価に適正な利潤を加えたものを超えないことを勘案して審査される。また，特定の旅客に対して不当な差別的扱いをする場合や他の鉄道事業者との間に不当な競争を引き起こす場合には，国土交通大臣は，運賃・料金の変更命令を行うことができる旨の規定が鉄道事業法に設けられている。

6.2.5　鉄道整備の助成制度

鉄道整備には多額の費用を要することから，国や地方自治体による**助成制度**が設けられている。助成制度には，整備新幹線建設，主要幹線鉄道整備，都市鉄道等整備，地域鉄道等整備，安全・防災・バリアフリー対策等，リニア等技

表 6.3　鉄道整備に対するおもな助成制度[5)]

制度の名称	制度の内容
【整備新幹線の整備】	
整備新幹線整備事業	整備新幹線の建設に対する補助（全幹法に基づく定額補助，国と地方の負担割合は 2：1）
整備新幹線建設推進高度化等事業	未着工区間の設計施工方法等調査，軌間可変技術調査等に対する補助（全額国費）
【主要幹線鉄道の整備】	
幹線鉄道等活性化事業	在来の幹線鉄道の高速化に対する補助（対象：第三セクター等，国の補助率：2/10） まちづくりと連携した在来の幹線鉄道の高速化に対する補助（対象：第三セクター等，国の補助率：1/3） 貨物列車走行対応化（輸送力増強）または拠点整備に対する補助（対象：第三セクター等，国の補助率：3/10 又は 2/10）
【都市鉄道等の整備】	
都市鉄道利便促進事業	連絡線等の整備による速達性の向上，周辺整備と一体的な駅整備に対する補助（対象：公的主体，国の補助率：1/3）
地下高速鉄道整備事業	地下鉄の新線建設等に対する補助（対象：公営事業者等，国の補助率：35 %）
空港アクセス鉄道等整備事業	ニュータウン鉄道，空港アクセス鉄道の建設に対する補助（対象：第三セクター等，国の補助率：［ニュータウン鉄道］15 %，［空港アクセス鉄道］18 %）
幹線鉄道等活性化事業	貨物線の旅客線化に対する補助（対象：第三セクター等，国の補助率：2/10）
鉄道駅総合改善事業	駅改良および駅改良と併せて行うバリアフリー施設，駅空間高度化機能施設の整備に対する補助（対象：鉄軌道事業者，国の補助率：1/3）
譲渡線建設費等利差補給	旧鉄建公団または鉄道・運輸機構が建設し，譲渡または引渡した路線の借入金に係る利子補給（補給率：5.0 %を超える部分の 1/2 等）
【地域鉄道等の整備】	
地域公共交通確保維持改善事業（鉄道軌道安全輸送設備等整備事業）	安全性向上に資する設備整備等に対する補助（対象：鉄軌道事業者，国の補助率：1/3）
同上（利用環境改善促進等事業）	鉄軌道駅等の利用者の利便性向上に資する生活支援機能施設の整備に対する補助（対象：鉄軌道事業者，国の補助率：1/3） LRT 整備計画に基づき実施される LRT システムの整備（低床式車両の導入，停留施設整備等）に対する補助（対象：鉄軌道事業者，国の補助率：1/3）
幹線鉄道等活性化事業	地域公共交通網形成計画に基づく鉄軌道利用者の利便性向上を図るための施設整備（コミュニティ・レール化）に対する補助（対象：第三セクター，法定協議会等，国の補助率：1/3）
【安全・防災・バリアフリー対策等】	
鉄道施設総合安全対策事業	鉄道駅耐震補強，鉄道施設緊急耐震対策，首都直下地震・南海トラフ地震対策，首都直下地震早期復旧対策，豪雨対策（対象：鉄軌道事業者（JR 本州 3 社除く），国の補助率：1/3） 地下駅の浸水対策（対象：地下駅を有する鉄軌道事業者，国の補助率：1/3） 老朽化対策（対象：地方の鉄軌道事業者，国の補助率：1/3） ホームドア整備（対象：鉄軌道事業者，国の補助率：1/3）
踏切保安設備整備	遮断機，警報機等の設備整備に対する補助（対象：鉄軌道事業者等，国の補助率：1/3 または 1/2）
災害復旧事業	大規模な天災を受けた鉄道の災害復旧に対する補助（対象：鉄道事業者，国の補助率：1/4）
鉄道防災事業	JR 鉄道施設の防災事業（荒廃山地，河川，海岸等）および鉄道・運輸機構が行う青函トンネルの改修事業（国の補助率：［青函トンネル］2/3，［その他］1/2 または 1/3）
地域公共交通確保維持改善事業（バリアフリー化設備等整備事業）	鉄軌道駅の移動等円滑化に対する補助（対象：鉄軌道事業者等，国の補助率：1/3）
【リニア等技術開発推進】	
鉄道技術開発（超伝導リニア）	鉄道総研が行う超電導磁気浮上方式鉄道の技術開発に対する補助（国の補助率：［走行試験等］1/4，［その他］1/2）
鉄道技術開発（一般鉄道）	鉄道総研その他の法人が行う一般鉄道の安全，防災，環境対策等の技術開発に対する補助（国の補助率：1/2）

（注）　文献 5）を基に作成。

術開発推進を対象としたものがある。これらを整理したものを**表 6.3** に示す。

6.2.6　都市鉄道整備の方向性

都市鉄道は，都市圏の基幹的交通機関としてきわめて重要な役割を担っている。戦後のわが国の都市鉄道は，東京，大阪などの大都市圏においては，通勤・通学時間帯の混雑緩和のための輸送力増強や大量の宅地供給など拡大する都市圏の交通機能を支えることを目的に，札幌，福岡などの地方都市においては，道路交通の混雑緩和，都市構造の変革を主目的に整備が進められてきた。こうした取り組みの結果，昨今，三大都市圏における平均的な混雑は緩和しつつあり（**図 6.2** 参照），また，空港アクセス鉄道やニュータウン鉄道の整備の

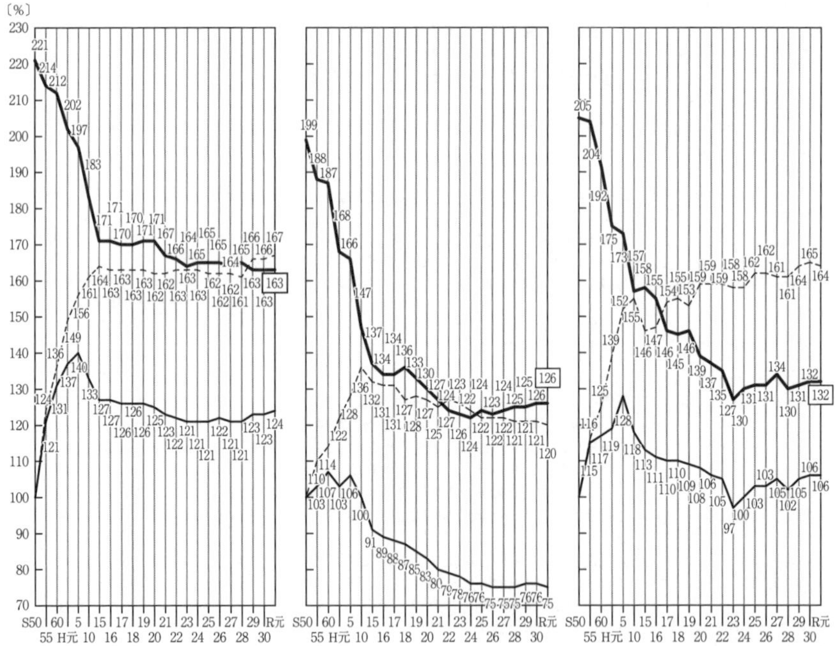

（a）　東京圏 31 区間　　（b）　大阪圏 20 区間　　（c）　名古屋圏 8 区間

━━　混雑率〔%〕（最混雑時間帯 1 時間の平均）
- - - -　輸送力（指数：昭和 50 年度＝100）
――　輸送人員（指数：昭和 50 年度＝100）

図 6.2　三大都市圏における主要区間の平均混雑率・輸送力・輸送人員の推移[6)]

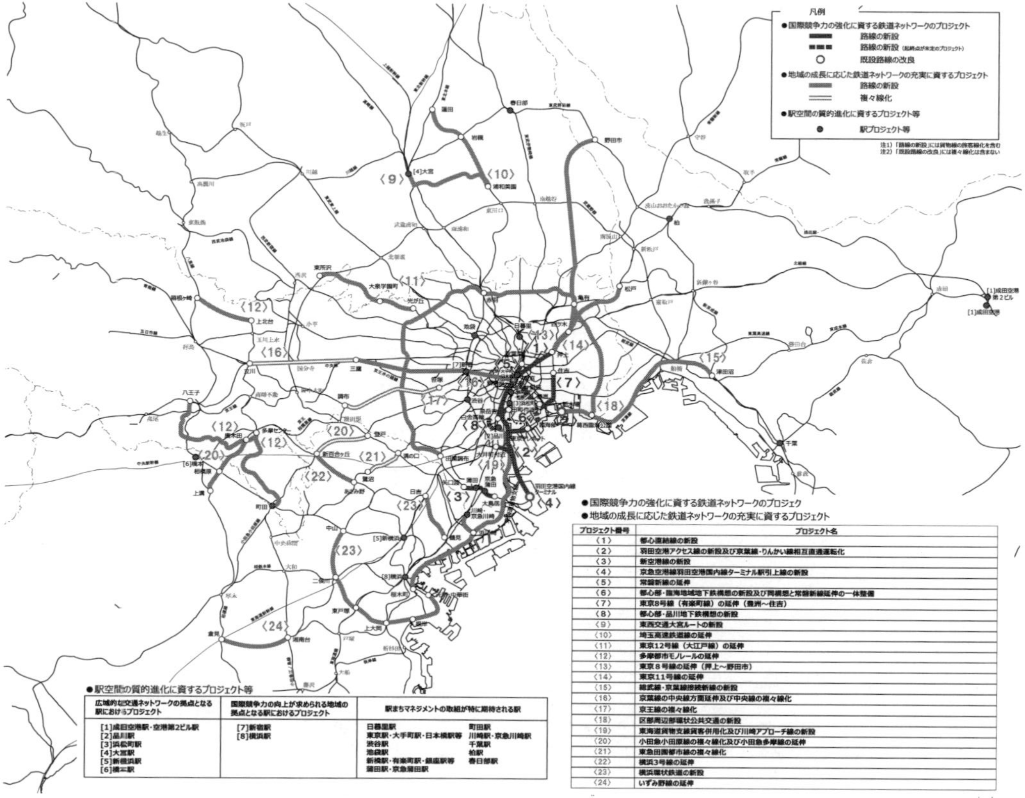

●国際競争力の強化に資する鉄道ネットワークのプロジェク
●地域の成長に応じた鉄道ネットワークの充実に資するプロジェクト

プロジェクト番号	プロジェクト名
〈1〉	都心直結線の新設
〈2〉	羽田空港アクセス線の新設及び京葉線・りんかい線相互直通運転化
〈3〉	新空港線の新設
〈4〉	京急空港線羽田空港国内線ターミナル駅引上線の新設
〈5〉	常磐新線の延伸
〈6〉	都心部・臨海地域地下鉄構想の新設及び同構想と常磐新線延伸の一体整備
〈7〉	東京8号線（有楽町線）の延伸（豊洲～住吉）
〈8〉	都心部・品川地下鉄構想の新設
〈9〉	東西交通大宮ルートの新設
〈10〉	埼玉高速鉄道線の延伸
〈11〉	東京12号線（大江戸線）の延伸
〈12〉	多摩都市モノレールの延伸
〈13〉	東京８号線の延伸（押上～野田市）
〈14〉	東京11号線の延伸
〈15〉	総武線・京葉線接続新線の新設
〈16〉	京葉線の中央線方面延伸及び中央線の複々線化
〈17〉	京王線の複々線化
〈18〉	区部周辺部環状公共交通の新設
〈19〉	東海道貨物支線貨客併用化及び川崎アプローチ線の新設
〈20〉	小田急小田原線の複々線化及び小田急多摩線の延伸
〈21〉	東急田園都市線の複々線化
〈22〉	横浜3号線の延伸
〈23〉	横浜環状鉄道の新設
〈24〉	いずみ野線の延伸

●駅空間の質的進化に資するプロジェクト等

広域的な交通ネットワークの拠点となる駅におけるプロジェクト	国際競争力の向上が求められる地域の拠点となる駅におけるプロジェクト	駅まちマネジメントの取組が特に期待される駅	
[1]成田空港駅・空港第2ビル駅	[7]新宿駅	日暮里駅	町田駅
[2]品川駅	[8]横浜駅	東京駅・大手町駅・日本橋駅等	川崎駅・京急川崎駅
[3]浜松町駅		渋谷駅	千葉駅
[4]大宮駅		池袋駅	柏駅
[5]新横浜駅		新橋駅・有楽町駅・銀座駅等	春日部駅
[6]橋本駅		蒲田駅・京急蒲田駅	

図 6.3　交通政策審議会答申の具体的プロジェクト[7)]

進展による都市構造の形成支援，駅を拠点としたまちづくり，バリアフリー化など，サービスの質的向上も着々と進んでいる。

しかし，依然として激しい混雑を呈している区間が随所に見られることから，引き続き対策が必要である。また，高齢社会への対応や環境保全，都市の効率的な社会経済活動を支えるという観点から，ネットワークの充実による利便性や速達性の向上，まちづくりと一体となった駅の整備，空港アクセスの強化，大都市圏を中心に頻発する列車遅延への対応など，サービスの高質化への取り組みを一層強化していく必要がある。

このような課題へ対応するため，東京圏においては，2016（平成28）年4月に交通政策審議会より今後の都市鉄道のあり方に関する答申が出され，混雑の緩和，速達性の向上，シームレス化，まちづくりとの連携，駅空間の質的進化，災害対策の推進などについて，目指すべき姿が示された。また，具体的なプロジェクトとして，国際競争力に資する8路線，地域の成長に資する24路線が取り上げられている（**図6.3**参照）。

6.2.7　地域鉄道の現状

地域鉄道は，JR旅客会社と中小の鉄道事業者によって担われており，中小鉄道事業者には，従来から民鉄が経営してきた鉄道，国鉄改革を機に旧国鉄の路線から第三セクターに転換した鉄道，整備新幹線の開業に合わせて経営が第三セクター等に移管された並行在来線がある。

これら地域鉄道の輸送量は，都心部への人口流出や少子化などに伴う沿線人口の減少，自家用車への過度の依存などにより減少の一途をたどっており，厳しい経営環境下での運営が続いている。特に，1999（平成11）年の鉄道事業法改正による鉄道事業の需給調整規制廃止を機に，全国で路線の廃止が相次ぎ，2000（平成12）年度以降に廃止された路線は44路線（1 041.9 km）に及んでいる（2020年5月7日現在）。

このように多くの鉄道事業者が，経費を削減しながら営業を続けることで，車両や設備などの適正な維持管理が課題となっている。一方で，趣向を凝らし

コ ラ ム

上下分離方式

最近の鉄道整備の課題として，整備・運営主体の確立，資金の確保などが挙げられているが，その解決方法の一つとして，上下分離方式（下図を参照）が導入されつつある。上下分離方式の定義は，国の運輸政策審議会答申第19号（2000年12月）において，「運行事業者とインフラの整備主体とが原則として別人格であって，インフラの整備に公的主体が関与する方式」とされている。

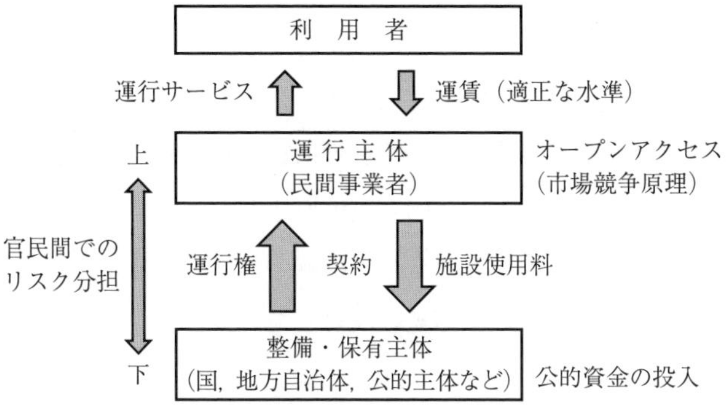

図 上下分離方式のスキーム

上下分離方式には，公的主体等が整備したインフラを運行事業者との契約等により有償で貸し付け，最終的に整備に要する資本費の全部または一部は運行事業者や利用者において負担する「償還型」と，公的主体自らの財源によりインフラを整備・保有し，運行事業者を確保した上で，運行事業者に対して貸し付ける「公設型」の二つがある。最近，両者の中間的な方式である「受益活用型」（営業主体は受益相当額を施設使用料として整備主体に支払い，整備主体はこの収入等により整備費用を賄う）が登場しており，2005（平成17）年に制定された都市鉄道等利便増進法はこの方式の活用を前提としている。また，最近では地方自治体が施設を保有する公有民営方式が導入されている。

上下分離方式の事例として，京阪中之島線，阪神なんば線，成田スカイアクセス（成田新高速鉄道），青い森鉄道（青森県が第三種鉄道事業者として施設を保有），若桜《わかさ》鉄道（鳥取県，公有民営方式の適用）などが挙げられる。

たイベント列車の運行や沿線観光資源と連携した企画切符の販売など，新たな需要喚起に向けた努力も続けられている。

少子高齢化が進展する中で，自動車を運転できない高齢者や生徒・児童ら移動制約者を含む地域住民の貴重な移動手段である地域鉄道の存続は，単に鉄道事業者だけの問題ではなく，沿線の地方自治体等も含めた地域全体の問題でもある。

こうした状況を踏まえ，近年，インフラ部分の整備・維持に要する費用や運行経費を地方自治体が補助する事例が見られるなど，鉄道事業者と沿線地方自治体等が協力して地域鉄道を支える取り組みが行われている。例えば，旧南海電鉄貴志川線では，利用者の減少などを理由に鉄道事業者が路線廃止の検討を表明した後に，地元の地域が主体的な役割を果たし，公募によって事業継承会社（和歌山電鐵）を確保するとともに，沿線の地方自治体から運営費の補助支援（一定期間）を受け，路線の存続に成功している。

6.3　軌道系交通の計画

6.3.1　軌道系交通の概要

軌道とは，主として**道路に敷設**され一般交通の用に供するもので，鉄道とバスの中間的な需要に対応する公共交通システムであり，都市モノレール，新交通システム，路面電車，LRT などが該当する。

鉄道とバスは，都市における公共交通機関として主要な役割を果たしているが，鉄道は建設費が大きいため，導入が可能となるのは高い需要が見込める大都市に限られている。また，バスは輸送力が低いことに加え，道路混雑の影響を受けるため，定時性の確保が課題となっている。

図 6.4 は，輸送力および表定速度の面から公共交通機関の位置づけを示したものである。鉄道とバスなどの交通機関では対応できない領域（**トランスポーテーションギャップ**）があるが，このギャップを埋める交通機関として，**都市モノレール**（urban monorail）や**新交通システム**（new transportation system）

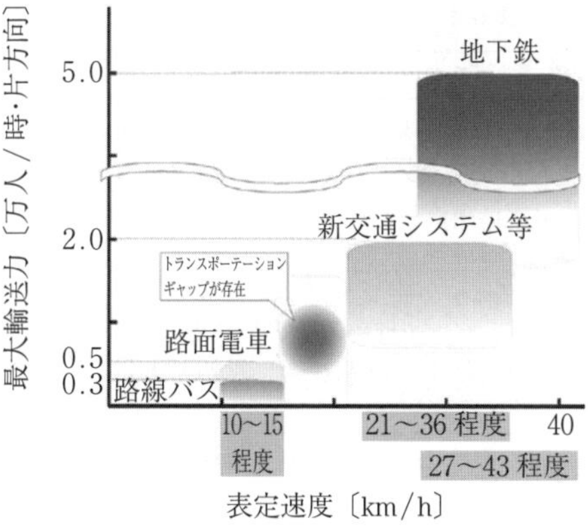

（注1）　表定速度は国内事例（実績値）を基に整理。
（注2）　最大輸送力は国土交通省パンフレット「都市モノレール・新交通システム」（平成13年4月）より引用。

図 6.4　輸送力および表定速度の面からの公共交通機関の位置づけ[8]

の整備が進められている。また，わが国で一時，都市交通手段として大きな役割を担っていた**路面電車**（tram）は，モータリゼーションの進展などに伴い数多くの路線が廃止されてきたが，欧米諸国での成功事例を参考に，**LRT**（light rail transit，**次世代型路面電車**）として再び注目を集めている（**図 6.5**）。これらの軌道系交通機関の概要を**表 6.4** に示す。

（注）　著者撮影

図 6.5　国内の LRT 導入例：富山ライトレール
（現 富山地方鉄道）

表 6.4　軌道系交通機関の概要

交通機関	概　要	事　例
都市モノレール*	1本の軌道桁に跨《こ》座または懸垂して走行する車両により，人または貨物を運送する施設。路線の大部分が都市計画区域内に存する。	多摩都市モノレール，千葉都市モノレール，大阪高速鉄道，北九州高速鉄道，沖縄モノレールなど
新交通システム	ハード，ソフトいずれかの面で既存交通システムを改善し，そのギャップを埋めるものであり，新技術を積極的に取り入れ，都市交通に対処し得るシステム。	東京臨海新交通，東京都交通局，横浜新都市交通，神戸新交通，広島高速交通など
路面電車	道路上に走行空間のある小型車両による軌道輸送システム。	札幌市交通局，函館市交通局，東京都交通局など多数
LRT	従来の路面電車から走行空間，車両等を向上させたもので，高い速達性，定時性，輸送力等を持ったシステム。	富山ライトレール（現 富山地方鉄道）など 海外に多数

＊　都市モノレールの整備の促進に関する法律に基づいて整備されたモノレール。

6.3.2　軌道系交通の計画

軌道系交通の計画の手順は，基本的には鉄道の計画と大きな差異はないが，代替案の評価では，それぞれの公共交通システムの比較，検討が行われる。現行の補助制度下では，後述するように都市モノレールと新交通システムが有力となっている。

6.3.3　軌道系交通整備の助成制度[2), 9)]

道路上に造られる都市モノレールや新交通システムは，道路交通の補助的機関として，道路交通の一部を分担していることなどの理由から，支柱，桁などのインフラ部は，道路構造の一部として道路管理者の負担において整備されている。1974（昭和 49）年度に，都市モノレールを対象とした助成制度が創設され（モノレール道整備事業），1975（昭和 50）年度には，新交通システムも対象となっている（新交通システム整備事業）。

その内容については何度かの改定を経て，現在は 2010（平成 22）年度に創設された社会資本整備総合交付金において，モノレール道整備事業・新交通システム整備事業が道路事業（街路事業）に統合されたことで，その国庫補助の割合は道路事業（街路事業）と同様の扱い（北海道，沖縄など特別な地域を除き 5/10）となっている。

また，環境面から近年注目されている LRT の整備については，地域の合意形成に基づく LRT 整備計画に対して，関係部局が連携して，LRT 総合整備事業による補助の同時採択と総合的かつ一体的な支援が行われている。具体的には，地方自治体向けに LRT の走行空間（走行路面，停留所等），施設の整備等に対する総合的支援（社会資本整備総合交付金等：国費率 1/2 等），事業者向けに LRT システムの構築に不可欠な施設（低床式車両，制振レール，車庫，変電所等）の整備に対する補助（地域公共交通確保維持改善事業：国の補助率 1/3 等）が挙げられる。さらに，後述する地域公共交通活性化再生法で規定された LRT に関する上下分離制度（軌道運送高度化事業）により，事業者のインフラ整備負担を軽減した上で効率的な整備と整備後の安全運行・安定経営を確保することが可能となっている。

これらの制度を活用して，富山市の市内電車環状線化および南北接続事業，札幌市の路面電車ループ化事業，福井市の路面電車の駅前広場乗り入れなどが実現している。また，2022 年開業予定の芳賀・宇都宮 LRT はこの制度を活用して整備が進められている。

6.4 バスの計画

6.4.1 バスの現状[10), 11)]

バス（bus）は，地域における人々の移動手段として重要な役割を担っている公共交通機関である。具体的には，都市部ではおもに通勤・通学の交通手段として，地方部では高齢者や学生・生徒など地域住民の貴重な足として重要な役割を果たしており，今後の人口の高齢化や地球環境問題などに対応していくためにも，バスに期待される役割は大きい。

バス事業を取り巻く経営環境は，モータリゼーションの進展，少子高齢化，市街地の拡大と中心市街地の空洞化，地方部における過疎化の進行などにより厳しい状況である。例えば，全国の乗合バスの輸送人員は，1970（昭和45）年度に10 037百万人であったのが，2011（平成23）年度には4 117百万人まで減少し，その後微増して2019（令和元）年度は4 257百万人である。

乗合バスには，一般路線バスや高速バスなど路線を定めて定期的に運行するバスと，デマンドバスのように運行する区域を予約に応じて運行するバスなどがある。以下，個別に現況について述べる。

一般路線バスについては，乗合バス全体の傾向と同様に長期的に減少していたが，近年下げ止まっている。都市部では人口や就業者数の増加，訪日外国人旅行者による利用の増加がみられる一方，地方部では人口減少などにより緩やかではあるが減少傾向が続いている。

高速バスについては，1964（昭和39）年に最初の路線が開設されて以来，高速道路網の整備とともに発展し，現在1 500系統を超えるまでに至っており，輸送人員は近年年間1億人前後で推移している。最近では都市間の中距離輸送を担う300キロ未満の昼行系統が伸びており，通勤，私用など利用者の日常生活に必要不可欠な移動手段として定着しつつある。このような状況を踏まえ，集約型公共交通ターミナルの整備が進められつつあり，2016（平成28）年4月に高速バス等のターミナルとしてバスタ新宿の供用が開始された。

一方，近年，コミュニティバス，乗合タクシー，デマンド型バスなど新たな輸送形態が出現し，サービスも多様化している。このうち**コミュニティバス**は，一般に市町村などの地方自治体が運営主体となってルートやダイヤを設定し，運行をバス事業者に委託する形態であり，路線バスが運行されていない地域（いわゆる公共交通空白地域）や施設への運行など，住民のニーズを反映したサービスを提供できるという特徴がある。1995（平成7）年に運行を開始した東京都武蔵野市の「ムーバス」の成功以来，全国各地で導入されており，導入市町村数は2018（平成30）年度で1 348にのぼる。

乗合タクシーは，小型車両（乗車定員11名未満）を使用して運行するサービスであり，運行形態はさまざまである。**デマンド型バス**（需要応答型バス）

は，基本的に利用者があらかじめ予約し，これに応じてルートやダイヤをそのつど設定して運行するサービスであり，需要に見合った効率的な運行が可能という特徴がある。

さらに最近では，通常の路線バスよりも高速に運行し，都市の幹線的交通を担うバスシステムである **BRT**（bus rapid transit：**バス高速輸送システム**）が導入される事例も見られている（127 ページのコラム参照）。

6.4.2 路 線 網 計 画

バスの路線網計画の策定にあたっては，利用者の利便性確保を基本に，バス事業者の視点からは採算性が，自治体の視点からは交通不便地域の解消など公平性が重視される。具体的には，路線を決定する際の判断基準として，沿線人口や人口密度，需要動向，採算性，自治体や住民の要望，病院，学校，商業施設などの立地，既存路線との相乗効果，要員や車両の効率的な運用などが挙げられる[12)]。これらの点を踏まえ，具体的な起終点の位置，ルート，停留所の位置，他の路線や交通機関との結節点が決定される。

路線網には，放射型や幹線・支線型などいくつかの形態があり，それらの特徴はつぎのとおりである[13)]。

放射型路線網： 駅などの交通結節点や市街地中心部などの起点から，郊外の住宅地などへ向けて放射状に路線が伸びた形態。利用者の利便性は高いが，居住地が分散している地域では路線数が増え，非効率な運用になる。

幹線・支線型路線網： 長大なバス路線を幹線・支線に整理し，車両の効率的な運用を図る形態。バス路線が短くなることから定時性が確保され，利用者にとってわかりやすく，幹線は多頻度運行が実現できるなどの利点がある。一方，乗り換えが発生するため，利便性は低下する。

循環型路線： コミュニティバスなどで運行されるケースが多い。1 回の循環時間を 30 ～ 60 分程度に抑え，遅延が発生した場合の定時刻への回復可能性を低くしないようにする必要がある。

デマンド型： あらかじめ運行ルートや運行ダイヤが決まっておらず，需要に応じて運行経路を決めたり，運行時間を決めたりする方法である。需要があれば基本ルートから迂回する迂回型や，起終点のみが決まっているものや決まっていないものなど多様な方法がある。事例として，高知県四万十市，福島県旧小《お》高《だか》町《まち》，北海道帯広市などが挙げられる。

なお，近年増加しているコミュニティバスの路線網計画にあたっては，地域の主要な施設を基点とすること，居住者の分散に配慮すること，乗り換え抵抗を減らすこと，他の交通手段との補完・競合を考慮すること，路線の統合による単純化を図ることなどに留意する必要がある[13]。

また，運行計画の策定にあたっては，運行時間帯や運行頻度はバスのサービス水準を構成する重要な要素であり，人員配置や車両配置は運行費用に直結することから，さまざまな制約の下で効率的な計画を立てる必要がある。

6.4.3 バス事業の規制緩和

バス事業は，かつて免許制を通じた**需給調整規制**が行われていたが，2002（平成 14）年に**道路交通法**が改正され許可制に移行するとともに，廃止についても事前届出制となるなど，規制緩和が実施された。

また，2006（平成 18）年の道路運送法の改正によって，コミュニティバス，乗合タクシー，NPO によるボランティア有償輸送などの新たな輸送サービスが，地域の多様なニーズに的確に対応し，安全・安心が確保されるための措置が講じられた。具体的にはつぎのとおりである[2]。

- 従来，個別の条項で営業が許可されていたコミュニティバス，デマンドバス，乗合タクシーについて，すべて**道路運送法の許可**で運行が可能となった。
- 乗合バスの運賃および料金について，地方自治体，地域住民などの**地域の関係者の合意**がある場合には**上限認可が不要**となり，地域のニーズに応じた柔軟な運賃設定が可能となった。
- 過疎地域における住民の生活交通や移動制約者の移動手段について，バス・タクシー事業者による提供が困難で，地方自治体，バス・タクシー事業者，地域住民などの関係者がその必要性について合意した場合，市町村，NPOなどが国土交通大臣の登録を受けたときは，自家用自動車による**ボランティア有償運送サービス**を可能とした。

- 地域住民，利用者，地方自治体，バス事業者などの関係者からなる協議会（地域公共交通会議）を設置し，地域のニーズに即した運行形態やサービス水準（ルート，運行頻度等），運賃などについて協議を行い，地域の実情や利用者のニーズに対応した柔軟な輸送サービスを提供することが可能となった。

さらに，バスを取り巻く環境が厳しさを増すなか，地域の限られた資源で利用者の利便を増進するためには，交通事業者間の路線やダイヤ，運賃等のサービスの連携・協働が不可欠であるが，これまで複数の乗合バス事業者等によるこれらの調整は独占禁止法の規制（カルテル）に抵触するおそれがあることから困難であった。2020（令和2）年5月に成立した「地域における一般乗合旅客自動車運送事業及び銀行業に係る基盤的なサービスの提供の維持を図るための私的独占の禁止及び公正取引の確保に関する法律の特例に関する法律」により，一定の場合に独占禁止法の規定が適用除外となり，複数の乗合バス事業者等による共同経営（運賃・料金，路線，運行回数等の調整）が可能となった[10)]。

コ ラ ム

BRT

BRT（bus rapid transit：**バス高速輸送システム**）は，連節バス，PTPS（public transportation priority system：公共車両優先システム），バス専用道，バスレーンなどを組み合わせることで，速達性・定時性の確保や輸送能力の増大が可能となる高次の機能を備えたバスシステムであり，わが国でも全国で導入事例がみられる（次ページの表を参照）。最近では，東日本大震災で被災した気仙沼線および大船渡線がBRT方式で復旧した。また，都市内の基幹交通としての導入例として，新潟市では新バスシステム・BRTが2015（平成27）年9月に運行を開始し，東京都心と臨海部を結ぶ東京BRTが2020（令和2）年10月にプレ運行を開始している。

表 BRTの導入状況（2019年10月31日現在）[10)]

1	南海りんかんバス	高野山	専用道等導入
2	ジェイアールバス関東	白河市	専用道（廃線敷活用）
3	名古屋市交通局，名鉄バス	名古屋市	専用道等導入（センター走行のバス専用レーン含む）
4	京成バス	千葉市	連接バス導入
5	名古屋ガイドウェイバス	名古屋市	専用道等導入（高架専用軌道を含む）
6	神奈川中央交通	藤沢市	連接バス導入
7	神奈川中央交通	厚木市	連接バス導入
8	関鉄グリーンバス	石岡市・小美玉市	専用道（廃線敷活用）
9	岐阜乗合自動車	岐阜市	連接バス導入
10	神奈川中央交通	町田市	連接バス導入
11	東日本旅客鉄道	気仙沼線	専用道（廃線敷活用）
12	東日本旅客鉄道	大船渡線	専用道（廃線敷活用）
13	日立電鉄交通サービス	日立市	専用道（廃線敷活用）
14	神姫バス	三田市	連接バス導入
15	新潟交通	新潟市	連接バス導入
16	近江鉄道	草津市	連接バス導入
17	西日本鉄道	福岡市	連接バス導入（実証運行扱い）
18	奈良交通	京都府精華町	連接バス導入
19	南海バス	泉南市	連接バス導入
20	西鉄バス北九州	北九州市	連接バス導入

出典：文献10）より作成

（注） 著者撮影

図 気仙沼線BRT（東日本旅客鉄道）

トランジットモール

トランジットモールとはモールの形態の一つで，LRT や路面電車，バスなどの公共交通機関の走行を認めたものである（下の図を参照）。導入の目的としては，都心商業地の活性化，道路交通環境の改善，公共交通の利便性向上であり，海外では多くの都市で導入されている。実際の導入にあたっては，地元商店街，地方自治体，警察，交通事業者による十分な協議が必要であり，わが国では社会実験段階にとどまっていた。最近整備された兵庫県の姫路駅周辺地区では，駅周辺に分散していたバスターミナルなどを集約し，新たにトランジットモールを導入することで，公共交通の円滑な運行が実現するとともに，安全でゆとりある歩行・環境空間を創出している。

（注）　著者撮影

図 1　ドイツ・ミュンヘン市の
トランジットモール

（注）　著者撮影

図 2　姫路駅北駅前広場の整備
（トランジットモール化）

6.5　地域公共交通の計画

6.5.1　地域公共交通の現状[10)]

これまで述べてきたように，わが国の地域交通は日常生活における自動車への依存の高まりや人口減少などにより，地域の鉄道やバスなどの公共交通の利用者は減少傾向にある。2000（平成 12）年以降，鉄道や乗合バスなどの**規制緩和政策**に基づき，輸送サービスの提供は交通事業者の経営判断に委ねられることになったが，厳しい経営環境により事業の撤退や縮小が相次いだ。これに対して地域における市町村の役割は，補助金の拠出などを通じて公共交通を側面から支援していくことが中心であったが，高齢化社会の進展や地域の自立・活性化，地球温暖化などの環境問題への対応などの観点から，より主体的な関与が必要な状況であった。

6.5.2　地域公共交通活性化再生法[10), 14)]

このような背景を受け，公共交通の活性化や再生に関して，市町村を中心とした地域関係者の連携による取り組みを国が総合的に支援するとともに，地域のニーズに適した新たな形態の旅客輸送サービスの導入円滑化を図ることを目的として，2007（平成19）年，**地域公共交通活性化再生法**（地域公共交通の活性化及び再生に関する法律）が制定された。

この法律では，地域の公共交通の活性化や再生を一体的かつ効率的に推進するため，国による基本方針の策定，地域の関係者の協議を踏まえた市町村による地域公共交通計画の作成などが定められている。

同法の制定を契機に，地域における市町村の役割は，より主体的な関与へと変化している。具体的には，地域全体の公共交通に対するニーズや課題の整理を行い，利用者の立場で公共交通のあり方を検討し，総合的な地域公共交通計画の策定において中心的な役割を果たすことが求められる。この地域公共交通計画の理念については，地域が目指す将来の姿に対し，市町村がどの部分をどのような交通で実現するかを示したものであることが求められる[15)]（**図6.6**参照）。

地域公共交通活性化再生法は現在まで二度改正されている。一度目の改正は2014（平成26）年であり，まちづくりと連携し，面的な公共交通ネットワークを再構築するため，地域公共交通網形成計画を法定計画として規定した。これは**コンパクト・プラス・ネットワーク**の実現を意図したものであり，例えば熊本市では，立地適正化計画において公共交通利用圏への居住や都市機能の誘導を図るとともに，公共交通網形成計画において中心市街地と地域拠点を結ぶ基幹公共交通軸の機能を強化し，その周辺への居住誘導を図ることとし，両計画の整合を図った取り組みが進められている[16)]。

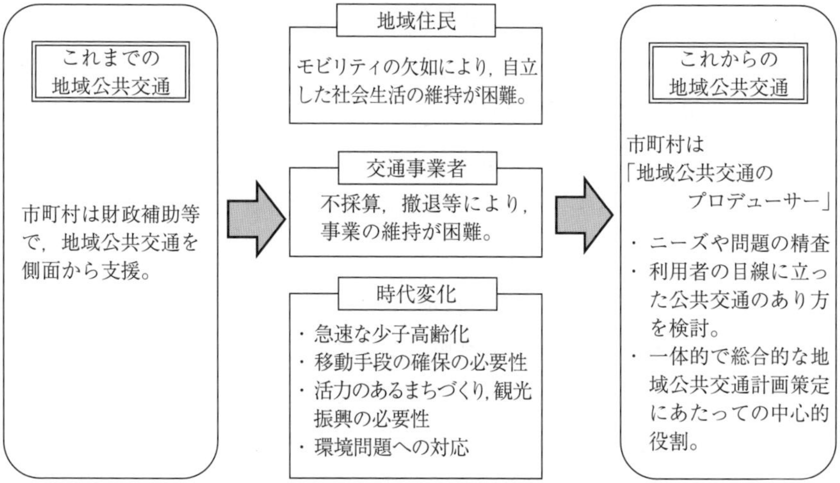

図6.6　地域交通計画における市町村の役割の変化[15]

また，バス路線の再編などを実施する地域公共交通再編事業を創設し，その実施計画について国が認定し，法律・予算の特例措置を適用することにより，計画の実現を支援する制度が整備された。これらは2章で説明した交通政策基本法の理念である「日常生活に必要不可欠な交通手段の確保，まちづくりの観点からの交通政策の促進，関係者相互間の連携と協働の促進」を具体化したものである。

二度目の改正は2020（令和2）年であり，人口減少の本格化に伴い，バスをはじめとした公共交通サービスの需要の縮小や経営の悪化，運転者不足の深刻化などにより地域の公共交通の維持・確保が厳しくなる一方，高齢者の運転免許返納の増加による受け皿としての移動手段の確保が重要な課題となっている状況を踏まえ，「地域が自らデザインする地域の交通」，「地域の移動ニーズにきめ細かく対応できるメニューの充実」，「交通インフラに対する支援の充実」の三つがテーマに掲げられた。

このうち「地域が自らデザインする地域の交通」については，地方自治体による**地域公共交通計画**の作成が努力義務化されるとともに，地域の移動ニーズにきめ細かく対応するため，従来の公共交通サービスに加え，地域の多様な輸送資源（自家用有償旅客運送，福祉輸送など）も計画に位置付けられた。

6.5.3 地域公共交通の助成制度

地域公共交通活性化再生法を踏まえ，持続可能な地域公共交通ネットワークの実現に向けた取り組みを支援する助成制度が設けられている。具体的には，つぎのとおりである。

- 地域公共交通確保維持事業　地域間交通ネットワークを形成する幹線バス交通の運行や車両購入を支援。過疎地域でコミュニティバス，乗合タクシーなどの地域内交通の運行や車両購入等を支援。
- 地域公共交通バリア解消促進等事業　ノンステップバス，福祉タクシーの導入，鉄道駅における内方線付点状ブロックの整備，ホームドアの設置など。地域鉄道の安全性向上に資する設備の更新など。

6.6 交通結節点の計画

6.6.1 交通結節点の役割

交通結節点とは，異なる交通手段あるいは同一の交通手段が相互に連結する乗り換え場所や施設である。移動の一連の動きの中の重要な要素の一つであり，「つなぐ空間」や「たまる空間」としての役割を有している。

異なる交通手段相互の連結の組み合わせとして，自動車（送迎）とバスや鉄軌道との乗り継ぎを**キスアンドライド**，自動車（駐車）とバスや鉄軌道との乗り継ぎを**パークアンドライド**，二輪車とバスや鉄軌道との乗り継ぎを**サイクルアンドライド**と呼んでおり，これらの交通手段が相互に連結する機能を駅および駅前広場が担っている。

6.6.2 駅前広場整備

〔1〕 **駅前広場の機能**　**駅前広場**（station square）は，複数の交通手段をつなぐ施設であり，鉄道と徒歩，自転車，自家用車，バスの乗り換え機能を

持つ重要な都市施設である。近年では都市化の進展により，都市構造の中における駅の役割も変わりつつあり，求められる機能も多様化している。具体的には**図 6.7** に示すとおり，交通の結節点として各種交通を処理する**交通結節機能**に加え，都市の拠点となる市街地拠点機能，人々が憩い，集い，語らうための交流機能，緑・植樹，モニュメントなどによって街の景観を形成する景観機能，利用者に各種サービスを提供するサービス機能，防災機能などの**都市の広場機能**を有している[17]。

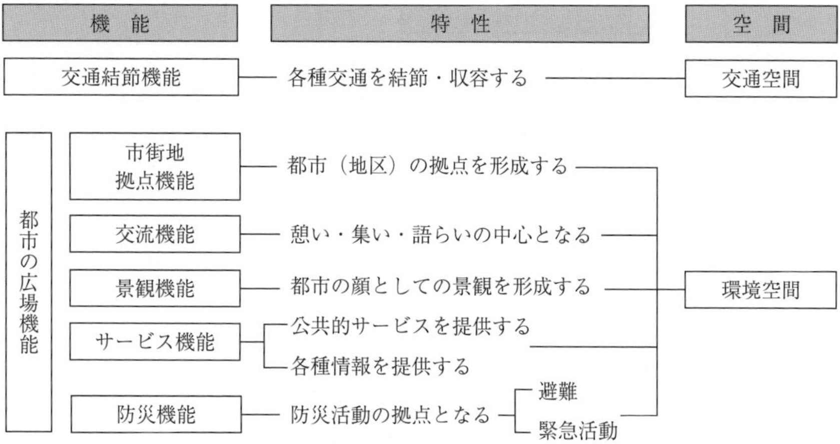

出典：日本交通計画協会編：駅前広場計画指針（1998）

図 6.7　駅前広場の機能[17]

〔2〕 **駅前広場の計画**[17]　　駅前広場の一般的な計画手順は，**図 6.8** に示したとおりである。計画の策定にあたっては，まず，都市の将来像，都市全体の総合交通計画や鉄道沿線地域全体における当該駅の位置づけを把握するとともに，駅前広場とその周辺の現況や将来計画などを踏まえ，当該駅前広場の問題点や計画課題を整理する。

つぎに，駅前広場計画の基本方針として，駅前広場利用者の性格や求められるサービスレベルなどから，当該駅前広場の備えるべき機能や駅前広場と周辺のあり方について検討する。この基本方針を受けて，駅前広場の概略規模を全

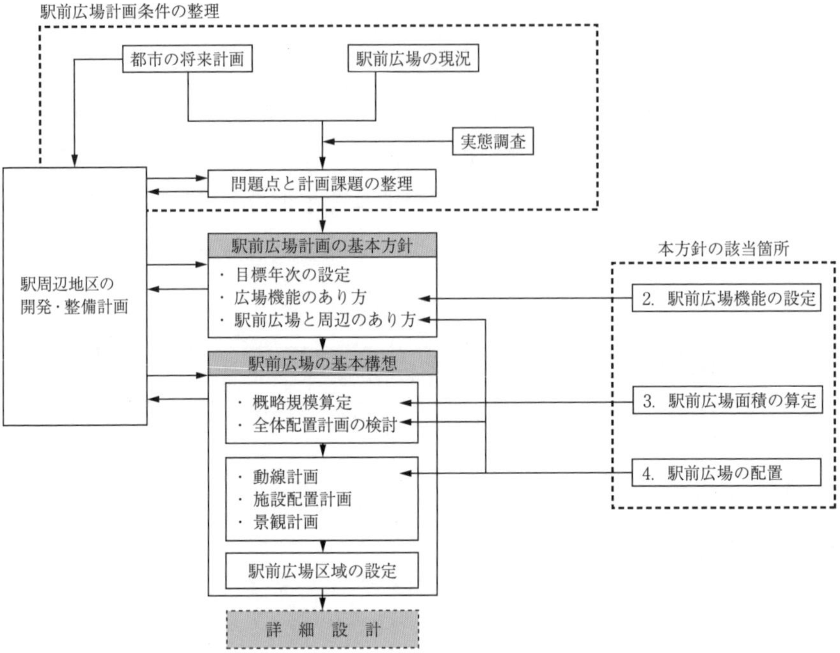

出典：日本交通計画協会編：駅前広場計画指針（1998）

図 6.8　駅前広場の計画プロセス[17)]

体施設配置計画と併せて検討し，広場内に設置を予定した各施設の配置などについて，動線計画，施設配置計画，景観計画などを行う。

ここで駅前広場面積の算定は，マクロな方法と交通施設ごとの必要面積を積み上げる方法の二つに区分される[18)]。

（1）　マクロな方法

昭和 28 年式：　総面積（標準値・上下限値）を年間平均 1 日鉄道乗降人数の関数で表現する方法。

（2）交通施設ごとの必要面積を積み上げる方法

小《こ》浪《なみ》式：　駅前広場を歩行者，バス，タクシー，自家用車，一般公衆部分の面積の五つの要素に分けて，総面積を算定する方法。

昭和 48 年式：　各広場部分のピーク時の利用量を基に算定する方法。

「平成 10 年駅前広場計画指針」での算定：配置計画の前段階である値を駅前広場基準面積として，基準面積は交通空間基準面積と環境空間基準面積の総和になるとしている。交通空間基準面積の算定手順は，つぎのとおりである。

① 鉄道利用者および非鉄道利用者の予測

② 施設別の駅前広場利用者数の予測

③ 施設別計画交通量の予測

④ 施設別の面積原単位を基にした交通空間基準面積の算定

環境空間面積は，都市および交通体系の特性や自然条件や歴史性に配慮して確保するとされている。

〔3〕 **施設の配置方法**　バス乗降施設，タクシー乗降施設，自家用車乗降施設の配置における原則として，つぎの項目が挙げられる[18]。

- 車両動線，歩行者動線の交錯は最小限とする。
- 車両が停車する位置には勾配がないようにする。
- 駅舎に近い順に，タクシー乗降施設，バス乗降施設，自家用車乗降施設となるようにする。バスとタクシーの乗降施設の位置関係に関しては，身体障害者や大きな荷物を持った人のタクシー利用を考慮して，この順が推奨されている。
- バス乗降施設では，バスを待つ人を考慮して歩道を十分に確保する。バスの回転半径には十分注意し，バス車両がスムーズに走行できるようにする。バスは各バースに前進で進入，発車できるようにする。
- タクシー乗降施設では，降車位置から待機場への動線，待機場から乗車位置への動線の両者を分けて設定することが望ましい。

〔4〕 **駅前広場の費用負担**[2]　駅前広場は，原則として**地方自治体**と**鉄道事業者**が協定を締結し，分担して整備，管理している。具体的には，計画，工事，管理運営の各段階において，都市側と鉄道側の分担が定められている。例えば工事費については，駅本屋《おく》側を鉄道側負担，市街地側を都市側負担とし，鉄道側の土地所有面積が駅前広場面積の 1/6 を下回るときは，鉄道側の負担

1/6を限度として協議すること（民鉄およびJR本州3社の場合）などが定められている。これらの詳細を**表6.5**に示す。

駅前広場整備に関する助成制度については，地方自治体が整備する場合，交通結節点改善事業（街路事業）による場合が一般的となっている。交通結節点改善事業は，交通機関間の連携強化や移動の連続性の強化を図るために必要となる事業を対象に助成する制度であり，国の補助率は1/2である。一方，鉄道事業者の負担分に関して国庫補助制度はなく，鉄道事業者自らの資金によって整備している。

表6.5　駅前広場にかかわる協定および申し合わせの概要[2]

内容		民鉄	JR本州3社	JR三島会社（北海道・四国・九州）
協定申合せ等の名称，日時		「都市計画による駅前広場の造成についての申し合わせ」 1975（昭和50）年1月22日 日本民営鉄道協会	「都市計画による駅前広場の造成に関する申合せ」 2001（平成13）年12月15日 JR本州3社	「都市計画による駅前広場の造成に関する協定」 1987（昭和62）年4月1日 建設省・運輸省協定
計画	負担対象面積	・28年式（当面，駅前広場研究委員会算定式） ・乗降人員の算定は20年後を目標とする。	同左	
	通過道路	通過交通を主とする道路は含めない。	同左	
	鉄道側の負担対象面積	・広場区域内に鉄道側用地がある場合，負担対象面積の1/6までを駅前広場の使用に供する。	同左	・負担対象面積の1/6は鉄道側の負担。 ・すでに駅前広場等の用に供している鉄道用地はすべて駅前広場の使用に供する。
	鉄道側の負担対象面積	・土地以外の地上物件（地中施設を含む）の補償は都市側負担。 ・1/6を超える用地がある場合，都市側に有償で譲渡。	同左	・1/6線を設定し，旅客会社等が駅本屋側を地方公共団体がその他の部分を負担。 ・負担する区域に相手側の所有する用地がある場合，有償で譲り受ける。
	補償費の負担等	・土地区分所有線は駅本屋の建築線におおむね平行。 ・土地所有は駅本屋側を鉄道所有とし，相互の土地を等積等価交換し用地界を整理。	同左	・土地区分所有線は駅本屋の建築線におおむね平行であり，駅前広場の両端を結ぶ。 ・土地所有は駅本屋側を鉄道所有とし，相互の土地を等積等価交換し用地界を整理。

表 6.5 （続き）

内容		民鉄	JR 本州 3 社	JR 三島会社（北海道・四国・九州）
工事	工事費（舗装等）	駅本屋側：鉄道側負担 市街地側：都市側負担 鉄道側の土地所有面積が駅前広場面積の 1/6 を下回るときは，鉄道側の負担 1/6 を限度として協議。	同左	駅本屋側：鉄道側負担 その他の部分：都市側負担
	その他	駅前広場造成に伴う鉄道施設の変更に要する費用は都市側負担。	同左	
管理運営		・土地所有区分線から駅本屋側は道路区域に含めない。 ・管理協定を定める。 ・駅前広場施設の維持に要する費用は土地所有区分に応じ各々が負担。	同左	
その他		・高架施設および地下施設等については別途整理。 ・駅の新設，移転，統廃合，駅裏口の新設により必要となる広場については別途協議。	・高架施設および地下施設等については別途整理。 ・駅の新設，移転，統廃合，駅裏口の新設により必要となる広場については別途協議。 ・建国協定，建運協定に基づき整備された広場については，その内容を継承し，再整備における駅前広場用地の取扱いは，従前の建運協定の内容を基本。	・駅の新設または駅裏口の新設により必要となる広場については別途協議。 ・造成および管理が円滑に実施されるよう運輸省は旅客会社を建設省は地方公共団体および道路管理者を指導。 ・駅前広場協議会を設置。

出典：土木計画学研究委員会編：交通社会資本制度 — 仕組と課題，土木学会（2010）

コ ラ ム

自由通路の整備

鉄道駅の周辺は，さまざまな都市機能が集積しており，鉄道を横断する徒歩や自転車も多い。連続立体交差事業によって鉄道を高架化または地下化する場合には，駅部においても歩行者，自転車の自由な往来が確保できるが，事業規模などの面から整備される箇所は限定的である。このため，駅の両側を結ぶ**自由通路**の整備が行われている（次ページの図を参照）。

自由通路は，整備手法や法的位置づけがさまざまであり，自由通路の整備および管理に関する行政と鉄道事業者の間の明確なルールがないため，計画および事業の協議に時間を要することがあった。そのため国土交通省は，2009（平

（注）　著者撮影

図　駅構内の自由通路

成21）年に「自由通路の整備および管理に関する要綱」を策定し，自由通路の位置づけ，整備費用，費用負担，管理の方法などに関する考え方を示している。

具体的には，国または都道府県，市区町村などの都市基盤事業者が市街地分断の解消や踏切対策などのまちづくりの一環として整備，管理する自由通路は「道路」とし，「道路」にできないものについては「通路等」として都市計画に定めて，条例等により管理すること，鉄道事業者の施設である自由通路のうち，不特定多数の利用を前提として周辺のまちづくりに貢献するものについては，その整備費の一部を都市基盤事業者が負担することなどが定められている。

また，整備費用の負担について，「道路」および「通路等」で鉄道事業者に受益が生じる場合は，整備，管理に要する費用の一部を鉄道事業者が負担し，鉄道事業者の施設の場合は，都市基盤事業者と鉄道事業者が合意した部分について，自由通路整備費の一部を都市基盤事業者が負担するものとされている。

演　習　問　題

〔**6.1**〕　鉄道の特性を述べよ。

〔**6.2**〕　バスの路線網計画における留意事項を述べよ。

〔**6.3**〕　2007（平成19）年に制定された地域公共交通活性化再生法の趣旨を述べよ。

〔**6.4**〕　駅前広場の機能を二つ挙げて，それらの内容を述べよ。

7章 都市間の幹線交通計画

◆本章のテーマ

本章では，競争力のある経済社会を構築していく上で不可欠な都市間の幹線交通計画を取り上げ，まず，国土計画における位置づけについて述べる。つぎに，高速道路や新幹線などの個別交通機関の基本計画や整備計画について説明する。

◆本章の構成（キーワード）

7.1 国土計画における幹線交通の位置づけ

全国総合開発計画，国土形成計画，全国 1 日交通圏

7.2 幹線道路の計画

高規格幹線道路，地域高規格道路，高規格幹線道路網計画，広域道路整備基本計画

7.3 幹線鉄道の計画

全国新幹線鉄道整備法，整備新幹線，中央新幹線

7.4 空港の計画

空港機能強化，経営改革

◆本章を学ぶと以下の内容をマスターできます

☞ 国土計画における幹線交通の役割

☞ 個別の交通機関の計画の内容

7.1　国土計画における幹線交通の位置づけ

都市間の幹線交通ネットワークの整備は，競争力のある経済社会を構築していく上で不可欠な施策である。わが国の幹線交通ネットワークは，おもに**全国総合開発計画**や**国土形成計画**において整備の重要性や方向性が示され，幹線道路や新幹線，空港など各交通施設の計画が策定されてきた。

第一次から第五次までの全国総合開発計画における交通体系整備の方向性は，**表7.1**に示すとおりである。第一次全国総合開発計画（全総）における開発拠点中心の交通網整備といった開発中心の考え方から，第三次全国総合開発計画（三全総）における交通機関の有機的結合，さらに第五次に相当する21世紀の国土のグランドデザインにおける各交通機関が連携し，それぞれの特性が生かされた体系の実現といったように，複数の交通機関における連携を意識するように変化している。

表7.1　全国総合開発計画における交通体系整備の方向性[1)]

	全国総合開発計画（全総）	新全国総合開発計画（新全総）	第三次全国総合開発計画（三全総）	第四次全国総合開発計画（四全総）	21世紀の国土のグランドデザイン
時代背景	・高度成長の幕明け ・所得倍増計画	・高度成長の歪み顕在化 ・情報化社会の萌芽 ・環境破壊の顕在化	・オイルショック ・安定成長への移行 ・都市化，情報化の進展 ・地方の時代	・経済社会の国際化 ・高度情報，技術社会 ・経済のソフト化 ・高齢化，自由時間増大 ・東京一極集中	・地球時代（地球環境問題，大競争，アジア諸国との交流） ・人口減少・高齢化時代 ・高度情報化社会
課題	・「密集の弊害」除去 ・所得（地域）格差解消	・過密，過疎の同時解消 ・環境保全 ・自立的人間形成	・居住環境の整備 ・国土の保全と利用 ・新しい変化への対応	・地域の活性化 ・国際社会との調和 ・安全，高質な国土環境の整備	・自立の促進と誇りの持てる地域の創造 ・国土の安全と暮らしの安心の確保 ・恵み豊かな自然の享受と継承 ・活力ある経済社会の構築 ・世界に開かれた国土の形成
目標	・人口と産業の分散	・自然の恒久的保護 ・開発可能性の全国土的拡大 ・国土利用の再構成 ・安全快適な環境条件	・地域特性の尊重 ・人間居住の総合的環境の計画的整備	・多極分散型国土の形成	・多軸型国土構造形成の基礎づくり

表 7.1　（続き）

			全国総合開発計画（全総）	新全国総合開発計画（新全総）	第三次全国総合開発計画（三全総）	第四次全国総合開発計画（四全総）	21 世紀の国土のグランドデザイン
開発方式			・拠点開発方式	・新ネットワークの形成 ・大規模開発プロジェクト	・定住圏構想	・交流ネットワーク構想	・参加と連携
交通体系整備の方向	基本的方向		1. 大動脈的幹線路の先行的整備 2. 開発拠点中心の交通網整備 3. 産業基盤としての重点的整備 4. 過疎地域の近代的，能率的交通体系形成	1. 国土利用の抜本的再編等に資する新高速ネットワークの形成 2. 国際交流緊密化への対応 3. 地方圏と大都市圏を結ぶ交通体系 4. 日本列島の主軸形成	1. 国土利用の均衡を図るための幹線交通体系の再構築 2. 地域交通体系の整備 3. 外的制約条件に適合した輸送構造への転換 4. 交通機関の有機的結合	1. 国際交通拠点の地方展開等による国際交流機能の強化 2. 高速交通機関空白地帯の解消等による全国一日交通圏の構築 3. 多重系交通網の形成等による安定性向上	1. 国際交通拠点の全国適正配置，これらへのアクセス性向上 2. 地域自立のための各種機能へのアクセス機会の均等化 3. 自然災害等に対する粘り強さの確保および自然と調和した国土形成に資する交通体系
交通体系整備の方向	交通体系の重点施策・構想	道路	・大動脈的幹線道路の整備充実 ・有機的な道路網体系の先行的整備 ・街路，都市高速道路の整備充実 ・支線道路の幹線に対応した先行的整備	・幹線高速道路として 7 600 km の国幹線網を建設 ・これを補充する高速性能をもった道路の整備 ・大型架橋，都市内高速道路の建設	・高規格幹線道路網は 1 万 km 余で形成 ・高速道路併用延長を計画期間中に 4 500 ～ 5 500 km にする ・本四架橋の早期着工ルートを児島・放出ルートとする	・高規格幹線道路網は 14 000 km の長期構想により，全国土を 1 時間到達可能領域に ・計画期間中に規定国幹線道路および本四 3 ルートの構成を含め 8 000 ～ 9 000 km とする	・14 000 km の高規格幹線道路網と 6 000 ～ 8 000 km の地域高規格道路を長期的に整備 ・TDM 等による都市内交通の円滑化 ・ITS の推進
交通体系整備の方向	交通体系の重点施策・構想	鉄道	・幹線の複雑化，電化 ・新幹線は東京・大阪間完成，以西は需要動向をみて対処 ・地方の施設整備充実 ・過大都市は拡充整備 ・貨物輸送の増強整備 ・青函，本四の調査	・全国的高速幹線鉄道の整備（仙台一福岡の建設） ・首都圏における高速鉄道，大都市圏の地下鉄整備	・高速鉄道網は国鉄財政再建の成果を見極めつつ対処 ・計画期間中に東北，上越等工事中新幹線整備 ・青函トンネルの完成 ・中央新幹線の調査	・整備計画 5 点については，国鉄改革の趣旨をも考慮し逐次建設着手 ・在来線の速度向上，新幹線の在来線乗り入れ ・磁気浮上式鉄道等質の高いシステム実現 ・中央新幹線の調査	・幹線鉄道の高速化と都市鉄道の混雑緩和に重点を置いた整備 ・磁気浮上式鉄道等の早期実現 ・中央新幹線の調査
交通体系整備の方向	交通体系の重点施策・構想	航空	・空港および空港保安施設の整備拡充 ・大集積地帯では大空港の建設等抜本的な整備対策対立	・中核都市の空港整備による全国的航空網の整備 ・新東京国際空港のほか数か所の国際空港の整備	・札幌，東京，大阪，福岡，那覇等の多空港を基幹として，おおむね 70 地区の地方空港をもって航空網を形成 ・北海道，関西，九州等新たに 10 か所程度の国際交通拠点空港整備	・15 か所の空港による国際交流機能の強化 ・50 ～ 70 のコミューター空港の導入 ・成田，羽田の完成，関西国際空港の供用 ・中部圏での国際航空網の充実等	・東京国際空港の統合展開の早期完成 ・東京圏の新たな拠点空港の調査 ・地方空港の高質化 ・空港への道路・鉄道等のアクセス性向上

出典：財団法人 国土技術研究センター：連携重視のネットワーク型交通体系 — 道路公共交通の活用

2008（平成 20）年に閣議決定された**国土形成計画**の全国計画では，地域間の交流と連携を促進する国土幹線交通体系の構築の必要性が指摘されている。具体的には，多様な特色を持つ広域ブロックがそれぞれの有する資源を最大限に生かしつつ，相互に交流・連携し，活力ある国土を形成していくため，**全国1日交通圏**（全国の主要都市（地方中枢・中核都市等）間の移動時間をおおむね3時間以内，地方都市からの複数の高速交通機関へのアクセス時間をおおむね1時間以内にすることによる全国主要都市間で日帰り可能な交通圏）のさらなる充実化が掲げられている。そのための施策として，ブロック相互を結ぶ道路，鉄道，港湾，空港などの交通基盤を総合的に整備・活用し，基幹的なネットワークや拠点の機能確保を推進することが挙げられている。

また，陸海空にわたる交通基盤の耐震性を向上させるとともに，これらを有機的に結節することでネットワーク性を強化し，広域ブロック相互間の安定的で安全なアクセスを確保することも，重要な施策として挙げられている。

7.2　幹線道路の計画

7.2.1　幹線道路ネットワーク

わが国は南北に細長い地形で，急峻《しゅん》な山脈や海峡により地域間の交流が阻害されており，安全・安心な国土形成のために，幹線道路ネットワークの機能を確保することが重要である。幹線道路の中で最も広域的かつ根幹的な道路として，**高規格幹線道路**がある。高規格幹線道路は，**高速自動車国道**と**一般国道の自動車専用道路**で構成され，第四次全国総合開発計画において，全長約14 000 km のネットワーク計画が位置づけられた。高規格幹線道路網図を**図7.1**に示す。

また，高規格幹線道路を補完し，地域間および地域内のネットワークを強化する道路として，**地域高規格道路**が位置づけられている。具体的には，一般国道および主要地方道の中からネットワーク上高い規格で整備すべきものを地域高規格道路として指定し，自動車専用道路またはこれと同程度の高いサービス

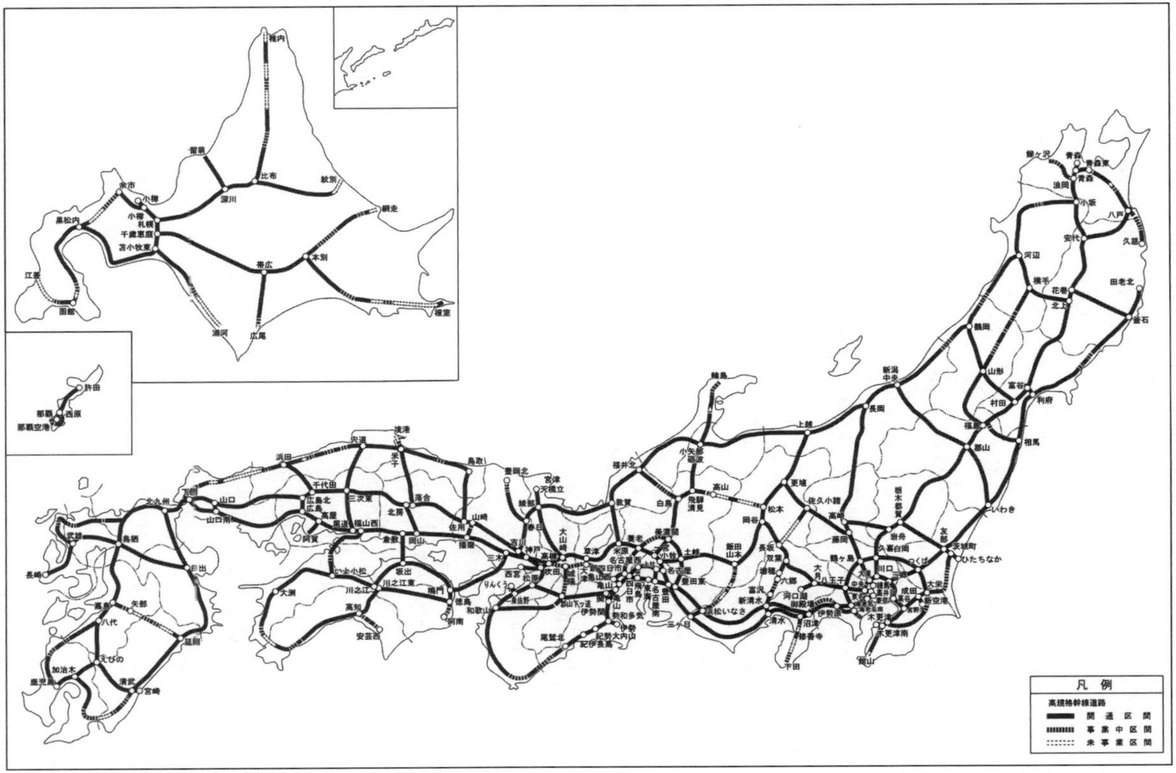

出典：国土交通省資料

図 7.1　高規格幹線道路網図（2020 年 8 月現在）

を提供できる道路として整備が行われている。

さらに2018（平成30）年，平常時・災害時を問わない安定的な輸送を確保するため，国土交通大臣が物流上重要な道路輸送網を**重要物流道路**として計画路線を含めて指定するための道路法の改正が行われた。

幹線道路の整備は，1954（昭和29）年に策定された第一次道路整備五箇年計画以来，現在に至るまで着実に進められてきた。高規格幹線道路の供用延長は，2019（令和元）年度末で11 998 km となっている。

幹線道路ネットワークの整備は，高速道路のインターチェンジ周辺での工場や商業施設の立地を促すなど地域経済の活性化に大きく寄与するとともに，地方部における広域的な医療サービスの享受，災害などで幹線道路が途絶した場合の広域的な迂回ルートの確保が可能となるなど，国民生活の質や安全の向上に大きく貢献している[2)]。

7.2.2　幹線道路ネットワークの計画

〔1〕 **高規格幹線道路網計画**　　**高規格幹線道路網計画**は，わが国における最も根幹的な道路網計画であり，① 拠点となる都市間の連絡，② 三大都市圏の環状軸の形成，③ 他の交通モードとの連結，④ 国土のリダンダンシー（迂回路などの代替手段）の確保，⑤ 全国の都市・農村地区から高規格幹線道路への1時間アクセス，⑥ 既定区間の混雑解消 という六つの目標で整備を行っている（1987年道路審議会答申）。

高規格幹線道路の計画策定プロセスは，高速自動車国道と一般国道の自動車専用道路で策定手順や手続きが異なる[3)]。このうち高速自動車国道は，国土開発幹線自動車道建設法（もしくは高速自動車国道法）において，路線名，起終点，主たる経過地が位置づけられ，この中から路線別に**基本計画**，**整備計画**が策定される。

具体的には**図 7.2** に示したとおり，基本計画では，建設線の区間や建設線の主たる経過地，標準車線数，設計速度，道路等との主たる連結地，建設主体が定められ，整備計画では，経過する市町村名，車線数，設計速度，連結位置，

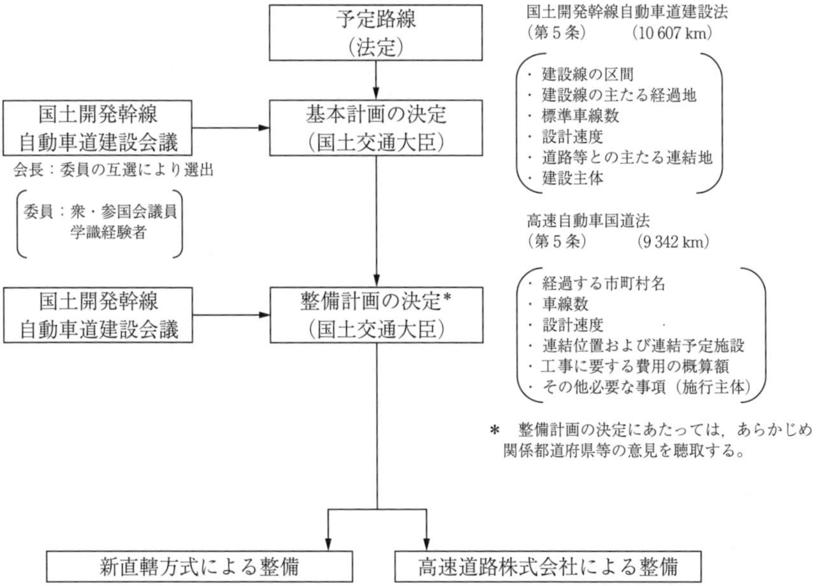

出典：交通工学研究会編：交通工学ハンドブック 2008

図 7.2 高速自動車国道の整備手順[3)]

連結予定施設，工事に要する費用の概算額，その他必要な事項（施行主体）が定められる。これらの計画は，国土開発幹線自動車道建設会議（国幹会議）の議を経て国土交通大臣が決定する。

なお，高速自動車国道の整備方式には，高速道路株式会社（NEXCO）による有料道路方式と，国と地方自治体による新直轄方式の二つがある（146 ページのコラム参照）。一方，一般国道の自動車専用道路（自専道）は，建設に関する基本的事項を定める計画を決定する区間（一般国道自専道の基本計画区間），およびこれらの区間のうち整備に関する事項を定める区間（一般国道自専道の整備計画区間）について，社会資本整備審議会の議を経て国土交通大臣が決定する。

〔2〕 **広域道路整備基本計画**　**広域道路整備基本計画**は，広域的な幹線道路のマスタープランであり，都道府県知事および政令指定市長が，関係する道路管理者等と協議・調整して策定する。**地域高規格道路**は，この広域道路整備基本計画において位置づけられた広域道路（交流促進型）の中から，地域の要

望を踏まえて選定される。

広域道路整備基本計画は，国土および地域全体といった広域レベルの社会交流を支えるとともに，地域の連携を促すネットワークを形成することを目的としている。高規格幹線道路の整備と併せ，地域高規格道路網やこれらと一体的に機能する広域的な幹線道路網（一般国道および主要な都道府県道）の整備を計画的に進めるため，その策定にあたっては，関連する交通機関，交通拠点（空港，港湾，高速鉄道駅等）や都市拠点，振興拠点等の地域拠点をはじめとした国土利用や土地利用などとの整合を十分に図ることが求められる。

なお，広域道路整備基本計画は策定から約 20 年経過し，新たな課題が生じている一方，地域の実情に即した検討が必要な路線も存在することから，新たな新広域道路交通計画（仮称）の策定に関する検討が進められている。

コ　ラ　ム

道路関係四公団の民営化

2005（平成 17）年，日本道路公団，首都高速道路公団，阪神高速道路公団，本州四国連絡橋公団の道路関係四公団が民営化され，六つの高速道路株式会社（NEXCO）と，独立行政法人日本高速道路保有・債務返済機構が発足した。

民営化の経緯は，2001（平成 13）年 12 月の特殊法人等整理合理化計画において，道路関係四公団の民営化の方針が打ち出されて以降，民営化推進委員会での議論や政府・与党協議会における申し合わせなどを経て，2004（平成 16）年 6 月に道路関係四公団民営化関係四法が成立した。これを受けて 2005（平成 17）年 10 月 1 日に，六つの高速道路株式会社が発足した（**図 1** 参照）。そ

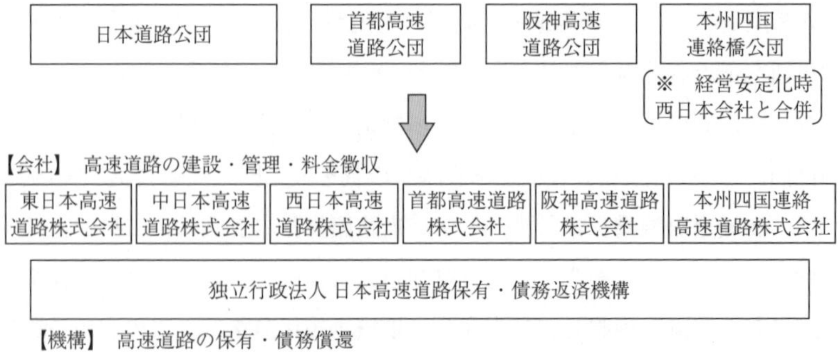

図 1　道路関係 4 公団の民営化の概要[4)]

の後，国土交通大臣が定めた暫定協定期間を経て，2006（平成 18）年 3 月 31 日に会社と機構との協定が締結され，同年 4 月 1 日より民営化会社による本格的な高速道路事業が開始された。

民営化後の会社と機構による高速道路事業の実施スキームは，**図 2** のとおりである。協定は全国路線網，地域路線網ならびに路線ごとに高速道路会社と機構の間で，業務実施計画は路線網ごとに作成され，今後の新設・改築に係る工事の内容，機構が会社から引き受けることとなるものの限度額，会社から機構に支払われる貸付料の額などが定められる。また，各会社に対する事業許可において，適正な料金設定の下で貸付料の確実な支払いの下，料金徴収期間内の償還が可能か確認される仕組みとなっている。

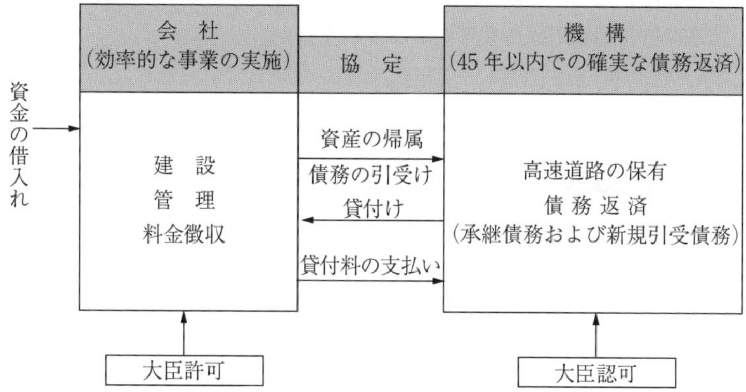

図 2　会社と機構による高速道路事業の実施スキーム[4]

なお，民営化に先立つ 2003（平成 15）年 5 月に高速自動車国道法が改正され，高速道路会社による道路整備（有料道路方式）を補完する手法として，国と地方自治体が事業費を負担する新直轄方式が導入された（国の負担は費用の 3/4 以上で，政令で定める割合）。この新直轄方式の対象となる路線は，交通量が少なく採算性は低いものの，地域住民の生活や安全の確保の観点から国が重要路線判断した路線である。

2006（平成 18）年 2 月に開催された第 2 回国土開発幹線自動車道建設会議において，高速自動車国道 11 520 km のうち整備計画区間に指定されている 9 342 km の未開通部分 1 975 km について，1 153 km 区間を有料道路方式で，残りの 822 km を新直轄方式で整備することが決定された。

最近の高速道路に関する政策動向

本文でも述べたとおり，わが国では高速道路ネットワークの整備が着実に進展しているが，一方で暫定2車線区間における速度低下や対面通行に起因する重大事故の発生などの課題が生じている。また，災害が激甚しているなか，災害発生時には資機材や生活物資の輸送ルートとして重要な役割を果たすことを期待されているほか，労働生産性の向上や物流の効率化，観光振興による地方創生につながることも要請されている。

こうした背景を踏まえ，社会資本整備審議会国土幹線道路部会では2017（平成29）年に，高速道路の安全性，信頼性や使いやすさを向上する取り組みの基本方針についてとりまとめている。具体的には，利用者の安全確保の観点から，暫定2車線区間の対策や逆走対策，強靭で信頼性の高いネットワークの構築，快適な利用環境の実現などが挙げられている。

7.3　幹線鉄道の計画

7.3.1　新幹線の概要

新幹線鉄道（以下，新幹線と表記）とは，**全国新幹線鉄道整備法**（以下，全幹法と表記）において，「その主たる区間を列車が200 km毎時以上の高速度で走行できる幹線鉄道」と定義されている。国土の骨格となる高速交通機関として移動時間を大幅に短縮し，地域開発や経済活性化などに大きな効果をもたらす。新幹線の特徴として，この高速性や大量輸送性，高い安全性と定時性が挙げられる。このうち安全性については，東海道新幹線の開業以来50年近くの間，乗客の死亡事故が皆無であるが，これは世界的にも例がなく，わが国の新幹線がきわめて安全な高速輸送システムであることを示している。

1964（昭和39）年の東海道新幹線の開業以来，2020（令和2）年3月末現在，東海道新幹線（東京 ～ 新大阪），山陽新幹線（新大阪 ～ 博多），北海道新幹線（新青森～新函館北斗），東北新幹線（東京 ～ 新青森），上越新幹線（大宮 ～ 新潟），北陸新幹線（高崎 ～ 金沢），九州新幹線（博多 ～ 鹿児島中央）の7路線2 765 kmが営業している（**図7.3**参照）。このうち1973（昭和48）

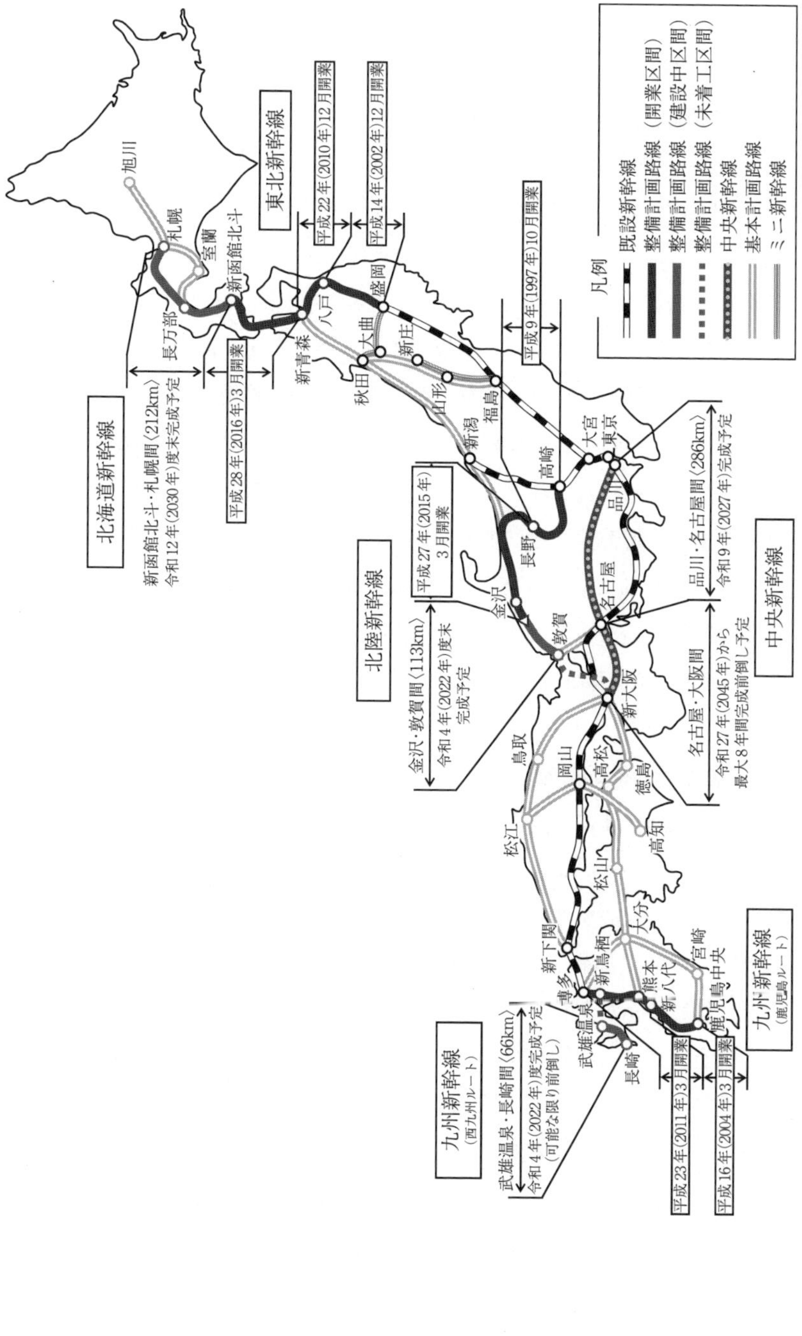

図 7.3 全国の新幹線鉄道網の現状[5]

年に策定された整備計画で定められている北海道新幹線（青森市 ～ 札幌市間），東北新幹線（盛岡市 ～ 青森市間），北陸新幹線（東京都 ～ 大阪市間），九州新幹線鹿児島ルート（福岡市 ～ 鹿児島市間），九州新幹線長崎ルート（福岡市 ～ 長崎市間）の5路線を**整備新幹線**という。

整備新幹線は1973（昭和48）年に整備計画が決定され，当時の運輸大臣（現国土交通大臣）によって全幹法に基づく建設の指示がなされたが，わが国の財政事情や当時の国鉄（現JR）の経営悪化などにより，1987（昭和62）年まで計画が凍結された。その後，政府・与党の申し合わせにおいて，整備財源，整備区間などの基本スキームが決定され，順次着工，開業に至っている。また，1991（平成3）年の全幹法の一部改正により，整備新幹線5路線以外にも，新幹線鉄道規格新線および新幹線鉄道直通線（いわゆるミニ新幹線）が整備できることとなった。これらは，国土交通大臣が新幹線鉄道の整備に関する諸事情を踏まえ，新幹線鉄道による全国的な鉄道網の一部を暫定的に構成する高速鉄道を整備することにより，高速輸送体系の形成に資するため，当分の間，政令で路線を定めることとされており，山形新幹線（福島～新庄間），秋田新幹線（盛岡～秋田間）がこれに該当する。

7.3.2　整備新幹線の計画

整備新幹線は**図7.4**に示すとおり，計画から完成に至るプロセスが全幹法によって規定されている。まず，鉄道輸送の需要動向や国土開発の重点的な方向などを考慮して，建設を開始すべき新幹線鉄道の路線（建設線）を定める**基本計画**の決定を行い，営業主体・建設主体の指名，建設線の建設に関する**整備計画**の決定，建設の指示を行う。建設を指示された建設主体は，工事実施計画を作成し，国土交通大臣の認可を受け，その後工事の着工，完成となる。

基本計画については，1973（昭和48）年に，「建設を開始すべき新幹線鉄道の路線を定める基本計画」としていくつかの基本計画路線が決定されている。現在，基本計画路線のままである路線が12路線，整備計画が策定されたものの工事が未着工の整備計画線は4路線となっている。

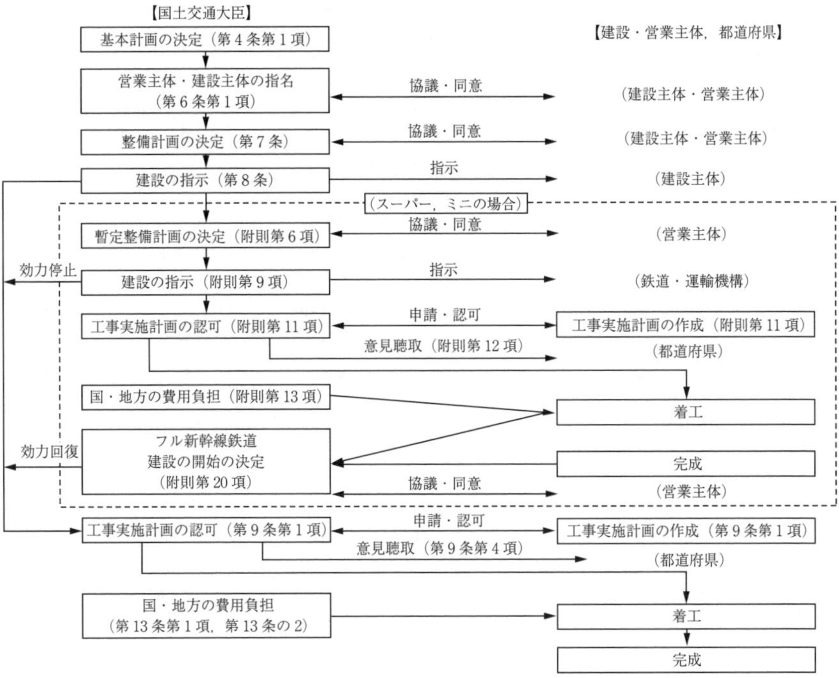

図 7.4　整備新幹線の整備プロセス[6]

なお，新幹線の整備においては，全幹法に規定されたプロセスに加え，政府・与党申し合わせによる着工優先順位や建設費の負担割合などの具体的な計画が，大きな影響を与えてきている[6]。このうち整備新幹線の財源については，1993（平成 8）年 12 月に決定された「整備新幹線の取扱について」（政府・与党合意）において，整備新幹線の建設財源を国の公共事業関係費，既設新幹線の譲渡収入，地方自治体負担および JR からの貸付料等としており，国と地方の負担割合は 2：1 となっている。

7.3.3　中央新幹線の計画

中央新幹線は，全幹法上に基づく基本計画路線であり，同法の規定に基づく手続きが進められている。具体的には**図 7.5** に示すとおり，2010（平成 22）年 2 月に交通政策審議会への諮問が行われ，2011（平成 23）年 5 月に答申が

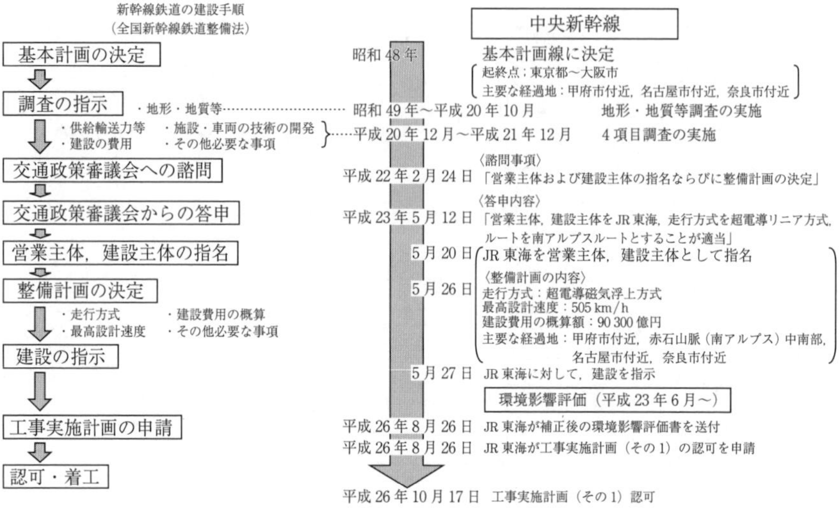

図7.5　中央新幹線の現状[7)]

なされた。交通政策審議会（中央新幹線小委員会）では，中央新幹線整備の現代社会における国民的・国家的意義について改めて検討が行われ，① 三大都市圏を高速かつ安定的に結ぶ幹線鉄道路線の充実，② 三大都市圏以外の沿線地域に与える効果，③ 東海道新幹線の輸送形態の転換と沿線都市群の再発展などの意義が期待されると結論づけている。

この答申を受けて，2011（平成23）年5月に，国土交通大臣が営業主体および建設主体として東海旅客鉄道株式会社（JR東海）を指名し，整備計画の決定および建設の指示が行われた。整備計画の内容として，走行方式は**超電導磁気浮上方式**（リニア方式），最高設計速度は505 km/時，整備に要する費用の概算額は9兆300億円（車両費を含む），主要な経過地は甲府市付近，赤石山脈（南アルプス）中南部，名古屋市付近，奈良市付近となっている。JR東海の計画によると，2027年に東京・名古屋間，2045年に名古屋・大阪間がそれぞれ開業する予定である。

7.4 空港の計画[6)]

空港の整備計画は，これまで7次にわたる空港整備五箇年計画が策定され，地方主要空港のジェット化，環境問題への対応，成田，羽田，関西，中部の各空港の整備が進められてきた（**図7.6**参照）。

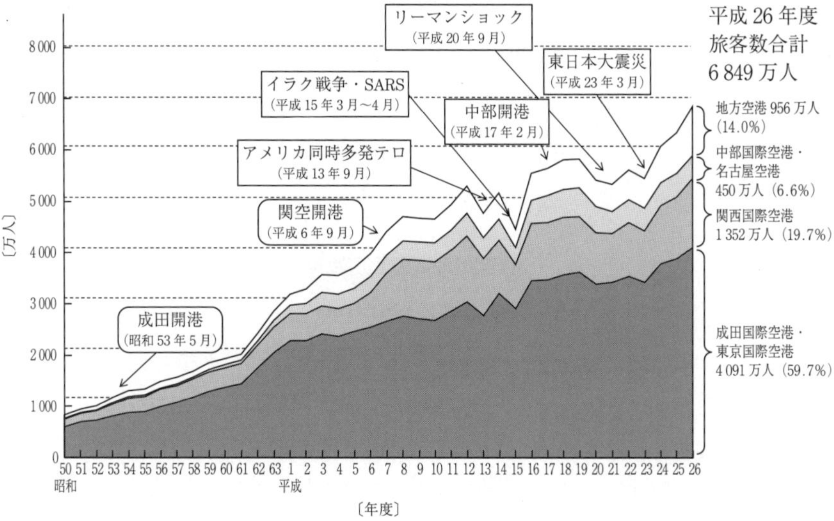

（注）関西国際空港開港以前は，大阪国際空港における旅客数を示す。
※ 国土交通省資料より作成

図7.6 国内航空旅客数の推移[8)]

空港整備事業は，2003（平成15）年度に定められた社会資本整備重点計画において，引き続き増大すると予測されている航空需要への対応と，わが国の国際競争力の強化の観点から，大都市圏拠点空港の整備を重点的に実施するとともに，一般空港については，新設を抑制（ただし離島を除く）することが必要であるとされた。

また，2009（平成21）年3月に定められた2012（平成24）年度までの社会資本整備重点計画においては，今後の空港の整備にあたり，厳しい財政事情に鑑《かんが》み，選択と集中により投資を重点化していくこと，空港の新設や滑走路の延長等の整備だけでなく，今後は関係者等との連携を進め，既存ストックを活用した取り組みを推進するとともに，空港の運営面も重視していくことなどが示された。

さらに，平成 24 ～ 28 年度を期間とする第 3 次の社会資本整備重点計画では，① 大規模または広域的な災害リスクを低減させる，② わが国産業・経済の基盤や国際競争力を強化する，③ 持続可能で活力ある国土・地域づくりを実現する，④ 社会資本の的確な維持管理を行う，という四つの重点目標が設定され，① については，航空輸送上重要な空港の液状化対策等の推進，② については，首都圏空港（羽田・成田）の機能強化，関西空港の再生・強化，地域の拠点的空港の強化（福岡，那覇），空港経営改革の推進などの具体策が挙げられた[9)]。

演　習　問　題

〔7.1〕 つぎの用語を説明せよ。

全国 1 日交通圏，　　高規格幹線道路，　　地域高規格道路

〔7.2〕 高規格幹線道路網計画における六つの目標を挙げよ。

〔7.3〕 整備新幹線の計画から完成に至るプロセスを述べよ。

8章 交通と環境

◆本章のテーマ

本章では，まず，交通に起因する環境問題として生活環境の問題と地球環境の問題を取り上げ，それぞれの現状と対策について述べる。つぎに，事業による環境への影響を回避・軽減するための制度である環境アセスメントの目的や内容，最近の動向について説明する。

◆本章の構成（キーワード）

8.1　交通に起因する環境問題
　　生活環境，地球環境
8.2　生活環境の問題
　　大気汚染，環境基準，騒音，自動車 NO_x・PM 法
8.3　生活環境の改善
　　自動車排出ガス規制
8.4　地球環境の問題と改善
　　京都議定書，パリ協定，地球温暖化対策
8.5　環境アセスメント制度
　　環境基本法，環境影響評価法，スクリーニング，スコーピング，準備書，評価書
8.6　戦略的環境アセスメント
　　環境影響評価法改正，計画段階配慮書
8.7　交通需要マネジメント
　　手段・時間帯・経路の変更，自動車の効率的利用，発生源の調整

◆本章を学ぶと以下の内容をマスターできます

☞　交通が環境へ及ぼす影響と対策
☞　環境アセスメント制度の目的や内容

8.1 交通に起因する環境問題

交通に起因する環境問題は，大きく**生活環境**の問題と**地球環境**の問題に区分される。生活環境の問題としては，窒素酸化物や浮遊粒子状物質等の大気汚染物質の排出，騒音，振動の発生，施設の建設や存在に伴って発生する自然環境や景観などへの影響などが挙げられる。一方，地球環境の問題としては，おもに CO_2 排出などによる地球温暖化が挙げられる。

8.2 生活環境の問題

8.2.1 大 気 汚 染

〔1〕 **自動車からの排出ガス**[1)]　自動車からの排出ガスは，大気汚染防止法において「自動車の運行に伴い発生する人の健康または生活環境に係る被害を生ずるおそれがある物質」とされ，大気汚染防止法施行令で一酸化炭素（CO），炭化水素（HC），鉛化合物（Pb），窒素酸化物（NO_x），**粒子状物質**（particulate matter，**PM**）の5物質が定められている。現在，自動車からの排出が問題となっている物質はおもに NO_x，PM であり，CO や Pb については問題となる濃度ではなくなっている。

窒素酸化物（NO_x）：窒素の酸化物の総称で，一般に窒素酸化物という場合は，一酸化窒素（NO）と二酸化窒素（NO_2）を併せたものを指す。高温の燃焼時に空気中の窒素が酸化されて生成される。NO は無色無臭の気体で水に溶けにくく，オゾン等で NO_2 に酸化する。NO_2 は刺激臭のある赤褐《かっ》色の気体で，水に溶けて亜硝酸，硝酸となる。

浮遊粒子状物質（suspended particulate matter，**SPM**）：固体・液体からなる粒子の総称で，大気中の粒子状物質としては粒径 100 μm 程度が上限であり，粒径 10 μm 以下の気体中の粒子は浮遊粒子状物質（SPM）と呼ばれる。また，粒径 2.5 μm 以下の粒子を PM 2.5 という。粒径の大きなものは天然起源，小さなものは人工起源が多い。二次粒子は硫黄化合物・窒素酸化物・炭化水素等のガス状物質が前駆物質である。

その他の大気汚染物質としては，硫黄酸化物（SO_x）やオキシダント（オゾン（O_3）などの酸化性物質，O_x）などにも自動車由来のものが含まれる。また，ほかにも有害大気汚染物質と呼ばれる各種の化学物質が存在し，そのうちいくつかの物質は自動車からも排出されている。

これら大気汚染物質のうち，現在大気汚染に係る環境基準が定められている物質は，二酸化硫黄（SO_2），一酸化炭素（CO），浮遊粒子状物質（SPM），二酸化窒素（NO_2），光化学オキシダント（O_x）などである。

〔2〕 大気汚染に関する環境基準[2)] **環境基準**（environmental quality standards）とは，人の健康の保護および生活環境の保全の上で維持されることが望ましい基準として，終局的に，大気，水，土壌，騒音をどの程度に保つことを目標に施策を実施していくのか，という目標を定めたものである。

環境基準は維持されることが望ましい基準であり，行政上の政策目標である。これは人の健康などを維持するための最低限度としてではなく，より積極的に維持されることが望ましい目標として，その確保を図っていこうとするものである。また，汚染が現在進行していない地域については，少なくとも現状より悪化することとならないように環境基準を設定し，これを維持していくことが望ましい。ここで，大気の汚染に関する環境基準を**表 8.1** に，微小粒子状物質による大気の汚染に関する環境基準を**表 8.2** にそれぞれ示す。

〔3〕 大気汚染の現状[3)] まず，窒素酸化物（NO_x）の環境基準の達成状況は，つぎのとおりである。2018（平成 30）年度における二酸化窒素（NO_2）に係る**有効測定局**（年間測定時間が 6 000 時間以上の測定局）数は，**一般局**（一般環境大気測定局）が 1 233 局，**自排局**（自動車排出ガス測定局）が 390 局であり，環境基準達成率は一般局が 100 %，自排局が 99.7 % である。一般局では 2006（平成 18）年以降すべての有効測定局で環境基準を達成し，自排局では近年達成率はほぼ横ばいで，高い水準で推移している。また，年平均値は一般局が 0.009 ppm，自排局が 0.016 ppm であり，一般局，自排局ともに近年ゆるやかな低下傾向が見られる。

表 8.1　大気汚染に関する環境基準[2)]

物質	環境上の条件（設定年月日等）	測定方法
二酸化硫黄（SO_2）	1時間値の1日平均値が0.04 ppm以下であり，かつ，1時間値が0.1 ppm以下であること（S 48.5.16告示）	溶液導電率法または紫外線蛍光法
一酸化炭素（CO）	1時間値の1日平均値が10 ppm以下であり，かつ，1時間値の8時間平均値が20 ppm以下であること（S 48.5.8告示）	非分散型赤外分析計を用いる方法
浮遊粒子状物質（SPM）	1時間値の1日平均値が0.10 mg/m^{3}以下であり，かつ，1時間値が0.20 mg/m^{3}以下であること（S 48.5.8告示）	濾《ろ》過捕集による重量濃度測定方法またはこの方法によって測定された重量濃度と直線的な関係を有する量が得られる光散乱法，圧電天びん法もしくはベータ線吸収法
二酸化窒素（NO_2）	1時間値の1日平均値が0.04 ppmから0.06 ppmまでのゾーン内またはそれ以下であること（S 53.7.11告示）	ザルツマン試薬を用いる吸光光度法またはオゾンを用いる化学発光法
光化学オキシダント（O_x）	1時間値が0.06 ppm以下であること（S 48.5.8告示）	中性ヨウ化カリウム溶液を用いる吸光光度法もしくは電量法，紫外線吸収法またはエチレンを用いる化学発光法

備考
1. 環境基準は，工業専用地域，車道その他一般公衆が通常生活していない地域または場所については，適用しない。
2. 浮遊粒子状物質とは，大気中に浮遊する粒子状物質であって，その粒径が10 μm以下のものをいう。
3. 二酸化窒素について，1時間値の1日平均値が0.04 ppmから0.06 ppmまでのゾーン内にある地域にあっては，原則としてこのゾーン内において現状程度の水準を維持し，または，これを大きく上回ることとならないよう努めるものとする。
4. 光化学オキシダントとは，オゾン，パーオキシアセチルナイトレートその他の光化学反応により生成される酸化性物質（中性ヨウ化カリウム溶液からヨウ素を遊離するものに限り，二酸化窒素を除く）をいう。

自動車 NO_x・PM 法（自動車から排出される窒素酸化物および粒子状物質の特定地域における総量の削減等に関する特別措置法）の対策地域（埼玉県，千葉県，東京都，神奈川県，愛知県，三重県，大阪府，兵庫県）における状況は，一般局で100 %，自排局で99.5 %であり，近年の状況は全国とほぼ同様である。

表 8.2 微小粒子状物質に関する環境基準[2)]

物質	環境上の条件	測定方法
微小粒子状物質	1年平均値が 15 μg/m³ 以下であり，かつ，1日平均値が 35 μg/m³ 以下であること（H 21.9.9 告示）	微小粒子状物質による大気の汚染の状況を的確に把握することができると認められる場所において，濾過捕集による質量濃度測定方法またはこの方法によって測定された質量濃度と等価な値が得られると認められる自動測定機による方法

備考
1. 環境基準は，工業専用地域，車道その他一般公衆が通常生活していない地域または場所については，適用しない。
2. 微小粒子状物質とは，大気中に浮遊する粒子状物質であって，その粒径が 2.5 μm 以下の粒子を 50 %の割合で分離できる分粒装置を用いて，より粒径の大きい粒子を除去したのちに採取される粒子をいう。

つぎに，浮遊粒子状物質（SPM）の環境基準の達成状況は，以下のとおりである。2018（平成 30）年度の浮遊粒子状物質に関する有効測定局数は，一般局が 1 294 局，自排局が 384 局であり，環境基準達成率は一般局が 99.8 %，自排局が 100 %である。近年達成率は，一般局，自排局ともにほぼ横ばいで，高い水準で推移している。また，年平均値は一般局が 0.017 mg/m³，自排局が 0.017 mg/m³ であり，一般局，自排局とも近年ゆるやかな低下傾向が見られる。

さらに，微小粒子状物質（$PM_{2.5}$）の環境基準の達成状況はつぎのとおりである。2018（平成 30）年度の微小粒子状物質の有効測定局数は，一般局が 818 局，自排局が 232 局であり，環境基準達成率は一般局 93.5 %，自排局 93.1 %である。また，年平均値は，一般局 11.2 μg/m³，自排局 12.0 μg/m³ である。地域別の傾向は，関東地方のおもに都市部，関西地方の都市部および沿岸部，中国・四国地方の瀬戸内海に面する地域，九州地方の北部および有明海に面する地域では依然として環境基準達成率の低い地域がある。

8.2.2 騒　音

■ 騒音に関する環境基準[2)]　騒音に関する環境基準は，**表 8.3** に示すとおり，地域の類型や時間の区分ごとに定められている。具体的には，療養施設

表 8.3　騒音の環境基準[2)]

地域の類型	基準値	
	昼間	夜間
AA	50 デシベル以下	40 デシベル以下
A および B	55 デシベル以下	45 デシベル以下
C	60 デシベル以下	50 デシベル以下

（注 1）　時間の区分は，昼間を午前 6 時から午後 10 時までの間とし，夜間を午後 10 時から翌日の午前 6 時までの間とする。
（注 2）　AA を当てはめる地域は，療養施設，社会福祉施設等が集合して設置される地域など特に静穏を要する地域とする。
（注 3）　A を当てはめる地域は，専ら住居の用に供される地域とする。
（注 4）　B を当てはめる地域は，主として住居の用に供される地域とする。
（注 5）　C を当てはめる地域は，相当数の住居と併せて商業，工業等の用に供される地域とする。

や社会福祉施設等が集合して設置されている地域など，特に静穏を要する地域は最も基準が厳しく，次いで住居の用に供されている地域となっている。各類型を当てはめる地域は，都道府県知事が指定することとなっている。なお，道路に面する地域については，**表 8.4** に示す基準値が適用される。

表 8.4　道路に面する地域の環境基準[2)]

地域の区分	基準値	
	昼間	夜間
A 地域のうち 2 車線以上の車線を有する道路に面する地域	60 デシベル以下	55 デシベル以下
B 地域のうち 2 車線以上の車線を有する道路に面する地域および C 地域のうち車線を有する道路に面する地域	65 デシベル以下	60 デシベル以下

（注）　車線とは，1 縦列の自動車が安全かつ円滑に走行するために必要な一定の幅員を有する帯状の車道部分をいう。この場合において，幹線交通を担う道路に近接する空間については，上表にかかわらず，特例として次表の基準値の欄に掲げるとおりとする。

基準値	
昼間	夜間
70 デシベル以下	65 デシベル以下

（注）　個別の住居等において騒音の影響を受けやすい面の窓を主として閉めた生活が営まれていると認められるときは，屋内へ透過する騒音に係る基準（昼間にあっては 45 デシベル以下，夜間にあっては 40 デシベル以下）によることができる。

8.3 生活環境の改善

8.3.1 大気汚染の対策

〔1〕 **自動車からの排出ガスの抑制**

〔a〕 **排出ガス規制**[1]　わが国の**自動車排出ガス規制**は，1966（昭和41）年に，ガソリン車のうち普通自動車および小型自動車の一酸化炭素（CO）濃度規制が設けられたことを端緒としている。その後，軽自動車，LPG車やディーゼル車が規制対象に追加され，規制対象物質も逐次追加され，現在ではガソリン車およびLPG車については，一酸化炭素，炭化水素（HC），窒素酸化物（NO_x）が，ディーゼル車については，これら3物質に加えて，粒子状物質（PM）およびPMのうちディーゼル黒煙が規制対象となっている。これらの規制強化の結果，1台当りの窒素酸化物（NO_x）および粒子状物質（PM）の排出量は，当初の規制値に対して10分の1以下に削減されている。

排出ガス規制は近年さらに強化されている。新車の排出ガス対策については，2008（平成20）年に，トラック，バス，乗用車から排出される窒素酸化物（NO_x）および粒子状物質（PM）の一層の低減を図るため，世界最高水準の厳しい規制（ポスト新長期規制）が制定され，2009（平成21）年10月から順次強制適用されている。一方，使用過程車（すでに使用されている自動車）の排出ガス対策は，**自動車 NO_x・PM法**に基づく施策が実施されている。

〔b〕 **低公害車の普及促進**[4]　低公害車の普及を促す施策として，車両導入に対する各種補助，自動車税・軽自動車税の軽減措置および自動車重量税・自動車取得税の免除・軽減措置などの税制上の特例措置，政府系金融機関による低利融資などが講じられている。

〔2〕 **交通流対策**[4]　交通流の分散・円滑化施策として，道路交通情報通信システム（VICS）の情報提供エリアのさらなる拡大や，ETC2.0サービスや高度化光ビーコンなどを活用した道路交通情報の内容・精度の改善・充実化，信号機の改良，公共車両優先システム（PTPS）の整備，観光地周辺の渋滞対策，総合的な駐車対策などが行われている。また，交通量の抑制・低減施策と

して，交通需要マネジメント（TDM）施策の推進が図られている。

8.3.2 騒　音　対　策[5)]

騒音対策としては，低騒音舗装の敷設，遮音壁の設置，環境施設帯の整備などが進められている。また，幹線道路の沿道の整備に関する法律に基づき，沿道地区計画の区域内において，緩衝建築物の建築費または住宅の防音工事費への助成が行われている。

8.4 地球環境の問題と改善

8.4.1 温室効果ガスの排出状況

わが国の 2018（平成 30）年度の二酸化炭素（CO_2）等の温室効果ガスの総排出量は 12 億 4 000 万 t（二酸化炭素換算：以下 t-CO_2）であり，2014 年度以降減少傾向にある（**図 8.1** 参照）[6)]。近年，減少しているおもな理由は，太陽光などの再生可能エネルギーの導入が進んだことなどが挙げられる。

1997（平成 9）年に**気候変動枠組条約第 3 回締約国会議**（**COP 3**）で採択さ

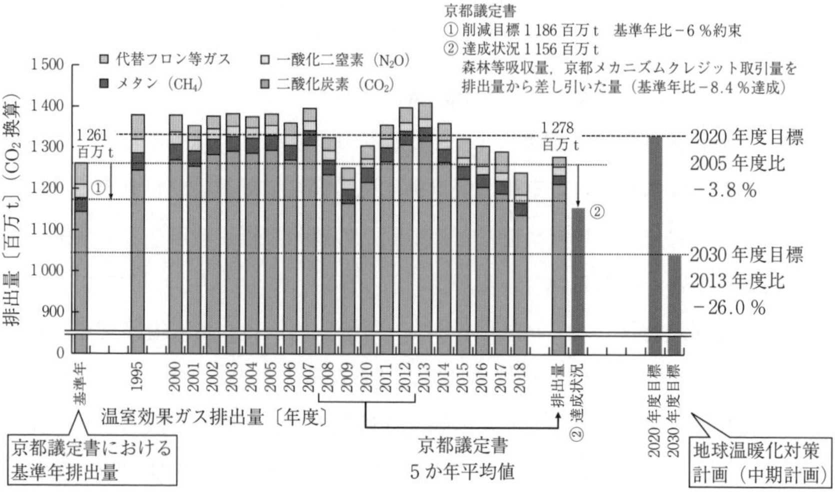

図 8.1　温室効果ガス排出量[6)]と削減目標[7), 8)]

れた**京都議定書**（Kyoto Protocol）において，わが国は温室効果ガス排出量を2008（平成20）年度から2012（平成24）年度の第1約束期間に，基準年（1990年度）から6％削減することとした。この第1約束期間の5か年平均（森林等吸収量，京都メカニズムクレジットによる差し引き量を加味）で基準年比−8.4％となり，京都議定書の目標を達成した[7)]。

その後，2015（平成27）年に開催されたCOP21において，すべての国が参加する2020年度以降の新たな国際的枠組みとして**パリ協定**（Paris Agreement）が採択され，わが国も締約国となっている。パリ協定自体には各国の削減目標は規定されていないが，各国は削減目標の作成・提出・維持する義務とその目標達成に向けた対策を取る義務が明記されている。わが国では実現可能な削減目標として，排出削減や吸収源の確保により，2030（令和12）年度に2013年度比−26.0％（2005年度比−25.4％）の水準（約10億4 200万t-CO_2）とすることとしている[8)]。

二酸化炭素（CO_2）の部門別排出量の内訳と推移を**図8.2**と**図8.3**に示す。運輸部門全体の排出量は全体の約18％であり，2001（平成13）年度をピークにおおむね減少傾向が続いている。2013年度比で排出量の減少割合が高いのは鉄道，バス・タクシーであり，減少量が大きいのはマイカーとタクシーである。2030（令和12）年度の排出量の目安として運輸部門では，2013年度比

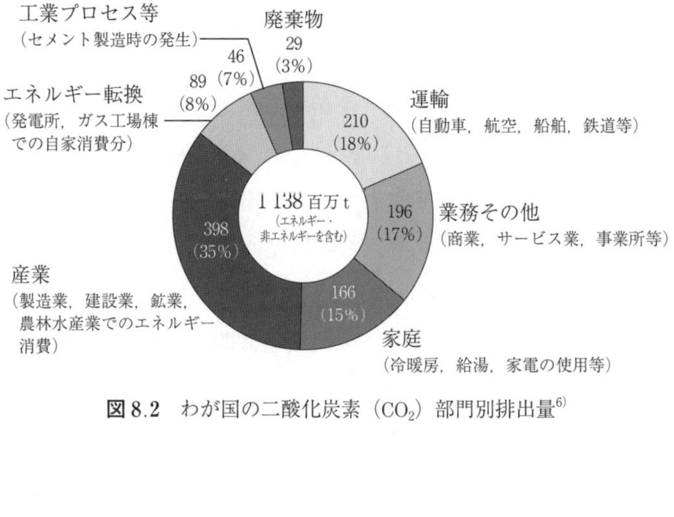

図8.2　わが国の二酸化炭素（CO_2）部門別排出量[6)]

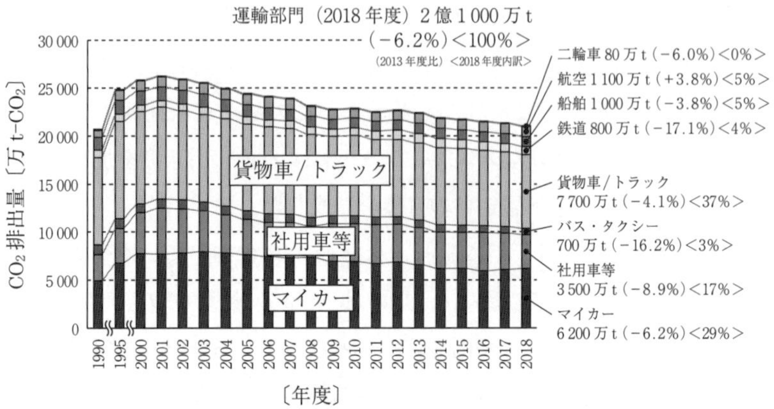

図 8.3　輸送機関別 CO_2 排出量の推移[6]

－27.6 %の削減率となる 1 億 6 300 万 t-CO_2 とされており，さらなる対策が求められている。

8.4.2　地球温暖化に関する対策

これらを踏まえ，**地球温暖化対策計画**[8] が閣議決定され，取り組むべき対策や 2030 年度の削減達成に向けたロードマップが示されている。さらに地球温暖化対策の重要性は，国連サミットで採択された「持続可能な開発のための 2030 アジェンダ」にて記載された国際目標「**持続可能な開発目標（SDGs）**」[9] の目標 13（気候変動）でも謳《うた》われており，気候変動およびその影響を軽減するための実効性ある具体的な対策が求められている。

国土交通省では，環境行動計画[10] を策定し地球温暖化対策として，中期，長期的目標の達成に向けた取り組みを行っている。**図 8.4** に示すとおり，各施策と目標達成に向けた指標が示されており，定量的な評価によってフォローアップされている。なお，公共交通の利用促進は，1 人を 1 km 輸送する際の CO_2 排出量が，自家用乗用車では約 133 g に対して，鉄道では約 18 g，バスでは約 54 g，航空では約 96 g であり，公共交通機関は自家用乗用車に比べて輸送量当りの排出量が少ないことに基づいている。

1. 地球温暖化対策・緩和策の推進
   ✓低炭素都市づくりの推進
   ✓環境対応車の開発・普及
   ✓交通流対策等の推進
   ✓物流の効率化等の推進
   ✓公共交通機関の利用促進
   ✓住宅・建築物の省エネ性能の向上
   ✓下水道における省エネ対策等の推進
   ✓建設機械の環境対策の推進
   ✓温室効果ガスの吸収源対策の推進
   ✓鉄道・船舶・航空における低炭素化の促進

指標の例

低炭素都市づくりの推進：立地適正化計画を作成する市町村の数
【1 市町村 ⇒ 150 市町村】（平成 27 年度 ⇒ 平成 32 年度）

公共交通機関の利用促進：自家用自動車から公共交通機関への乗り換え輸送量と CO_2 削減量
【17 億人キロ ⇒ 97 億人キロ】
（平成 25 年度 ⇒ 平成 32 年度）
【平成 32 年度 98 万 t】（平成 25 年度比）

2. 社会インフラを活用した再生可能エネルギー等の利活用の推進
   ✓建設リサイクルの推進など 6 項目
3. 地球温暖化対策・適応策の推進
4. 自然共生社会の形成に向けた取り組みの推進
5. 循環型社会の形成に向けた取り組みの推進
6. 賢い環境行動の選択を促す施策の推進
   ✓モビリティ・マネジメントによる持続可能なライフスタイルへの転換など 5 項目
7. 技術力を生かした環境貢献の高度化の推進
   ✓環境共生型都市開発等の海外展開支援の推進など 5 項目

（注）文献 10) を基に著者作成

図 8.4　国土交通省における地球温暖化対策[10)]

8.4.3　地球温暖化対策における緩和策と適応策

緩和策（mitigation measures）とは前述したとおり，温室効果ガスの排出削減を図る対策である。一方，最大限の排出削減努力を行ったとしても，これまでの温室効果ガスの排出により，ある程度の気候変動は避けられない。変化した気候のもとでその影響を最小限に抑える対策（**適応策**：adaptation measures）が必要となる。SDGs の達成には緩和策に加え適応策の強化が謳われており，これは自然災害に対するレジリエンス（強靭性）にも大きく寄与するといえる。地球温暖化対策として緩和策と適応策は車の両輪として着実に実施していく必要がある。

国土交通省では気候変動適応計画[11)]を 2015（平成 27）年に策定し，2018（平成 30）年に成立した気候変動適応法に基づき，一部を改正している。適応策の基本的な考え方は，気候変動による将来影響の予測には不確実性が伴うことを踏まえ，順応的にマネジメントすることにある。つまり，気候変動のモニタリングを継続的に行い，状況の変化に柔軟に対応し，必要なタイミングで的確な対策を選択できることが重要である。具体的には，緊急輸送道路として救助などの活動が行える信頼性の高い道路網の整備や無電柱化などが挙げられている。

8.5 環境アセスメント制度[12), 13)]

8.5.1 環境アセスメントの概要

環境アセスメントとは，開発事業の内容を決定するにあたり，それが環境にどのような影響を及ぼすかについて，事業者自らが調査，予測，評価を行い，その結果を公表して国民や地方自治体などから意見を聴き，それらを踏まえて，環境の保全の観点からより良い事業計画を策定していく制度である。世界的には，1969 年の米国の**国家環境政策法**（national environmental policy act, **NEPA**）が初めての制度であり，以降，世界各国で制度化が進展している。

わが国では，1972（昭和 47）年に「各種公共事業に係る環境保全対策について」（閣議了解）によって公共事業を対象に環境アセスメントが導入され，昭和 50 年代半ばまでに，港湾計画，埋立て，発電所，新幹線についての制度が別々に設けられた。このようななかで統一的な制度の確立が必要となり，1981（昭和 56）年に環境影響評価法案が国会に提出されたが，1983（昭和 58）年に廃案となった。

廃案後，法律の代わりに政府内部の申し合わせにより統一的なルールを設けることとなり，1984（昭和 59）年に「環境影響評価の実施について」が閣議決定された（この閣議決定による制度を**閣議アセス**という）。このほか，各地方自治体においても条例や要綱の制定が進められた。

その後，1993（平成 5）年に制定された**環境基本法**において，環境アセスメントの推進が位置づけられたことを契機に，制度の見直しに向けた検討が始まり，1997（平成 9）年に**環境影響評価法**が成立した（施行は 1999 年，2011 年に改正）。

表 8.5 環境アセスメントの対象事業[12)]

対象事業		第 1 種事業 (必ず環境アセスメントを行う事業)	第 2 種事業 (環境アセスメントが必要かどうかを個別に判断する事業)
1 道路			
	高速自動車国道	すべて	−
	首都高速道路など	4 車線以上のもの	−
	一般国道	4 車線以上・10 km 以上	4 車線以上・7.5 ～ 10 km
	林道	幅員 6.5 m 以上・20 km 以上	幅員 6.5 m 以上・15 ～ 20 km
2 河川			
	ダム，堰《せき》	湛《たん》水面積 100 ha 以上	湛水面積 75 ～ 100 ha
	放水路，湖沼開発	土地改変面積 100 ha 以上	土地改変面積 75 ～ 100 ha
3 鉄道			
	新幹線鉄道	すべて	−
	鉄道，軌道	長さ 10 km 以上	長さ 7.5 ～ 10 km
4 飛行場		滑走路長 2 500 m 以上	滑走路長 1 875 ～ 2 500 m
5 発電所			
	水力発電所	出力 3 万 kW 以上	出力 2.25 万～ 3 万 kW
	火力発電所	出力 15 万 kW 以上	出力 11.25 万～ 15 万 kW
	地熱発電所	出力 1 万 kW 以上	出力 7 500 ～ 1 万 kW
	原子力発電所	すべて	−
	太陽電池発電所	出力 4 万 kW 以上	出力 3 万～ 4 万 kW
	風力発電所	出力 1 万 kW 以上	出力 7 500 ～ 1 万 kW
6 廃棄物最終処分場		面積 30 ha 以上	面積 25 ～ 30 ha
7 埋立て，干拓		面積 50 ha 超	面積 40 ～ 50 ha
8 土地区画整理事業		面積 100 ha 以上	面積 75 ～ 100 ha
9 新住宅市街地開発事業		面積 100 ha 以上	面積 75 ～ 100 ha
10 工業団地造成事業		面積 100 ha 以上	面積 75 ～ 100 ha
11 新都市基盤整備事業		面積 100 ha 以上	面積 75 ～ 100 ha
12 流通業務団地造成事業		面積 100 ha 以上	面積 75 ～ 100 ha
13 宅地の造成の事業（注 1）		面積 100 ha 以上	面積 75 ～ 100 ha
○港湾計画		埋立・掘込み面積の合計 300 ha 以上	

（注 1）「宅地」には，住宅地以外にも工場用地も含まれる。

環境影響評価法のおもな目的は，規模が大きく環境に大きな影響を及ぼす恐れのある事業について環境アセスメントの手続きを定め，環境アセスメントの結果を事業内容に関する決定（事業の許認可など）に反映させることにより，事業が環境の保全に十分に配慮して行われるようにすることである。

8.5.2 環境アセスメントの対象事業

環境影響評価法において環境アセスメントの対象となる事業は，**表 8.5** に示すとおり，道路，ダム，鉄道，空港，発電所などの 13 種類の事業で，許認可が必要な事業，補助金・交付金等が交付される事業，独立行政法人が行う事業，国が行う事業である。

このうち事業の規模が大きく環境に大きな影響を及ぼす恐れがある事業を**第 1 種事業**として定め，これらの事業では環境アセスメントの手続きを必ず実施する。この第 1 種事業に準ずる規模の事業を**第 2 種事業**として定め，手続きを行うかどうかを個別に判断することとなっている（この手続きをスクリーニングという（後述））。なお，規模が大きい港湾計画についても，環境アセスメントの対象となっている。

また，環境アセスメントの対象となる環境要素の範囲は，**表 8.6** に示した通

表 8.6 環境アセスメントの対象となる環境要素の範囲[14)]

<table>
<tr><th colspan="6">環境の自然的構成要素の良好な状態の保持</th></tr>
<tr><th colspan="2">大気環境</th><th colspan="2">水環境</th><th colspan="2">土壌環境・その他の環境</th></tr>
<tr><td colspan="2">・大気質
・騒音
・振動
・悪臭
・その他</td><td colspan="2">・水質
・底質
・地下水
・その他</td><td colspan="2">・地形，地質
・地盤
・土壌
・その他</td></tr>
<tr><th colspan="6">生物の多様性の確保および自然環境の体系的保全</th></tr>
<tr><td colspan="2">植物</td><td colspan="2">動物</td><td colspan="2">生態系</td></tr>
<tr><th colspan="6">人と自然との豊かな触れ合い</th></tr>
<tr><td colspan="3">景観</td><td colspan="3">触れ合い活動の場</td></tr>
<tr><th colspan="6">環境への負荷</th></tr>
<tr><td colspan="3">廃棄物等</td><td colspan="3">温室効果ガス等</td></tr>
</table>

り，大気環境，水環境，土壌環境，動植物，生態系，景観，廃棄物，温室効果ガスなど広範に及んでいる。

8.5.3 環境アセスメントの手続き

環境アセスメントの手続きの流れは，**図 8.5** のとおりである。以下に各手続きの内容を説明する。

〔1〕 **配慮書の手続き**　**配慮書**とは，早期段階での事業への環境配慮を可能にするため，第 1 種事業者が，事業の位置・規模等の検討段階において，環境保全のために適正な配慮すべき事項について検討を行い，その結果をまとめたものであり，2011（平成 23）年の環境影響評価法の改正に伴い導入された。配慮書の作成の際には，複数案の検討を行うとともに，住民等の一般の人，専門家，地方公共団体などの意見を取り入れるよう努めることが定められている。事業者は，作成した配慮書の内容を方法書以降の手続きに反映させる。なお，第 2 種事業者は，これらの手続きを任意で実施できる。

〔2〕 **スクリーニング**　環境アセスメントの対象事業は，環境影響評価法において事業の規模に応じて定められているが，環境への影響の程度は事業の規模のみで決まるわけではない。そこで，第 1 種事業に準じる大きさの第 2 種事業については，環境アセスメントを行うか否かを個別に判定することになっており，この手続きを**スクリーニング**（screening）という。判定は事業の許認可権者（例えば道路の場合，国土交通大臣）が判定基準に従って行い，その際，地域の状況に精通している都道府県知事の意見を聴くことになっている。

〔3〕 **スコーピング**　事業が環境へ及ぼす影響は地域によって異なるため，環境アセスメントも地域に応じて行う必要がある。例えば道路整備の場合，山間部と都市部では環境保全対策が異なるため，評価項目も地域に応じて選定する必要がある。そのため，環境アセスメントの方法を確定するにあたり，地域の環境に精通している住民や地方自治体の意見を聴く手続きが設けられており，この手続きを**スコーピング**（scoping）という。

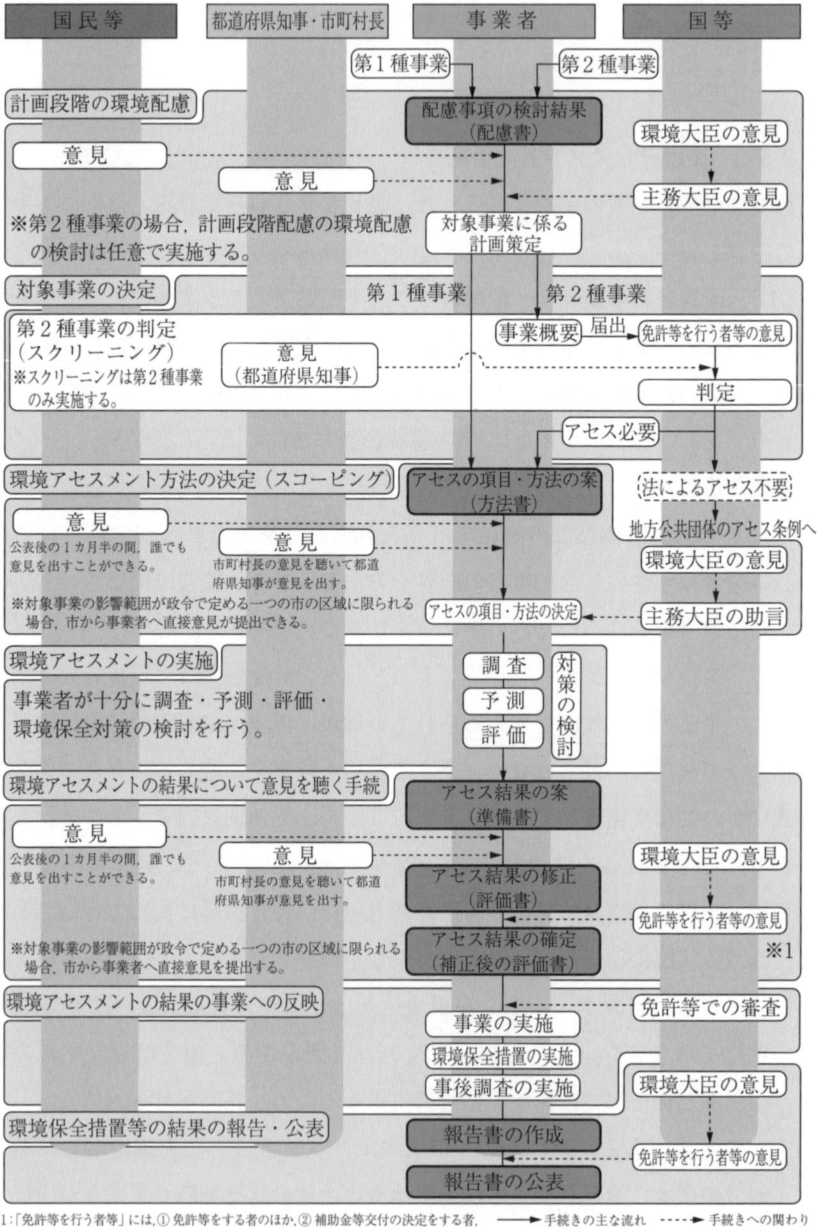

※1：「免許等を行う者等」には，① 免許等をする者のほか，② 補助金等交付の決定をする者，③ 独立行政法人の監督をする府省，④ 直轄事業を行う府省が含まれる。

図 8.5　環境アセスメントの手順[12)]

具体的には，事業者は調査，予測，評価を行う項目や方法を示した**方法書**を作成し，都道府県知事，市町村長に送付する。また，方法書を作成したことを公表し（**公告**という），地方自治体の庁舎や事業者の事務所ウェブサイト等で一定期間（1 か月間）閲覧可能とする（**縦覧**という）。方法書の内容に関して理解を深めるため，事業者は**説明会**を開催し，環境保全の見地からの意見がある場合，だれでも意見書を提出することができる。事業者は提出された意見の概要を都道府県知事と市町村長に送付し，都道府県知事は市町村長や一般の人から提出された意見を踏まえて事業者に意見を述べ，事業者はこれらの意見を踏まえ環境アセスメントの方法を決定する。この際，必要に応じて主務大臣に技術的な助言を申し出ることができる。

〔4〕 **環境アセスメントの実施**　事業者はスコーピングの手続きを行った上で，選定された項目や方法に従って調査，予測，評価を行う。併せて，環境保全のための対策を検討し，この対策が実施された場合の環境への影響を総合的に評価する。

〔5〕 **準備書の手続き**　調査，予測，評価の終了後，事業者はこれらの結果と環境保全対策の検討結果を示し，環境の保全に関する事業者自らの考え方を取りまとめた**準備書**を作成し，都道府県知事，市町村長に送付する。また，公告，縦覧の手続きを行う。なお，準備書は内容も詳細かつ大部にわたるため，事業者は縦覧期間中に準備書の内容の**説明会**を開催する。準備書の内容について，環境保全の見地からの意見のある人は意見書を提出することができる。事業者は提出された意見の概要と意見に対する見解を都道府県知事と市町村長に送付し，都道府県知事は，市町村長や一般の人から提出された意見を踏まえて事業者に意見を述べる。

〔6〕 **評価書の手続き**　準備書の手続きの終了後，事業者は準備書に対する一般の人，都道府県知事からの意見の内容について検討し，必要に応じて準備書の内容を見直した上で，**評価書**を作成する。作成された評価書は，事業の許認可権者と環境大臣に送付され，環境保全の見地から審査が行われる。審査の結果，環境大臣は必要に応じて事業の許認可権者に環境保全の見地からの意

見を述べ，許認可権者は環境大臣の意見を踏まえて事業者に意見を述べる。

事業者は意見の内容を十分検討し，必要に応じて見直した上で，最終的に評価書を確定し，都道府県知事，市町村長，事業の許認可権者に送付する。また，公告，縦覧手続きを行う。なお，評価書を確定したことを公告するまでは，事業を実施することはできない。

〔7〕 **報告書の手続き**　事業者は，工事中に実施した事後調査（工事中や供用後の環境の状態などを把握するための調査）や，それにより判明した環境状況に応じて講ずる環境保全対策，重要な環境に対して行う効果の不確実な環境保全対策の状況について，工事終了後に図書にまとめ，報告・公表を行う。これを**報告書**手続きという。

8.5.4 手続きにおける特例

〔1〕 **都市計画**　対象となる事業が都市計画に定められる場合は，その段階で事業の内容が決定されてしまうことから，環境アセスメントの結果を都市計画決定に反映させるため，事業者に代わり当該都市計画を定める都道府県または市町村が，都市計画を定める手続きと併せて環境アセスメントの手続きを行うこととされている。

〔2〕 **港湾計画**　事業ではなく計画についての環境アセスメントを，港湾管理者が実施する。なお，スクリーニング，スコーピング報告書手続きは行われない。

〔3〕 **発電所**　方法書や準備書に対して，国（経済産業省）も意見を述べる。報告書手続きは，報告書の公表のみとなっている。

8.5.5 地方自治体の環境アセスメント制度

国だけでなく地方自治体においても，独自の環境アセスメント制度が設けられており，すべての都道府県とほとんどの政令指定都市に**条例**による制度がある。地方自治体の制度は環境影響評価法と比較して，対象事業の種類を多くする，小規模の事業を対象にする，公聴会を開催して住民などの意見を聴く，第三者機関による審査の手続きを設けるなど，地域の実情に応じた特徴ある内容のものとなっている。

なお，環境影響評価法と地方自治体の環境アセスメント条例の関係として，一つの事業について法および条例の制度による手続きが重複して義務づけられると事業者にとって過度の負担となるため，環境影響評価法では地方自治体の環境アセスメント条例との関係についての規定を設け，手続きが重複したり，法の手続きの進行が妨げられることのないように配慮されている（**図 8.6** 参照）。

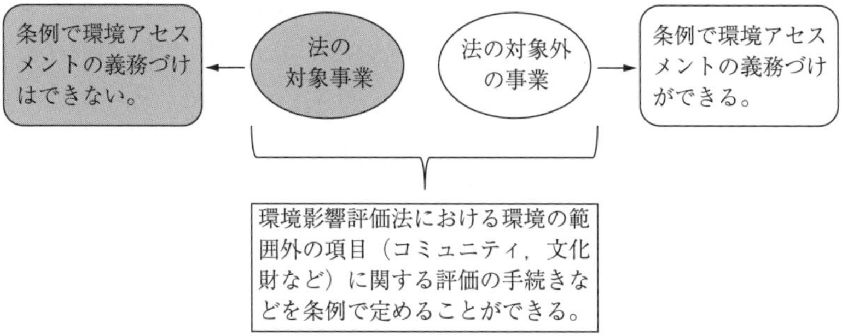

図 8.6　環境影響評価法と条例の関係[12]

8.6　戦略的環境アセスメント

8.6.1　戦略的環境アセスメントの概要[15]

戦略的環境アセスメント（strategic environmental assessment，**SEA**）とは，個別の事業実施に先立つ戦略的な意思決定段階，すなわち個別の事業の計画・実施に枠組みを与えることになる上位計画や政策を対象とする環境アセスメントであり，早い段階からより広範な環境配慮を行うことができる仕組みである。

地方自治体においては，2002（平成 14）年 3 月に埼玉県が戦略的環境影響評価実施要綱を制定し，同年 7 月に東京都が環境影響評価条例を改正し，計画段階でのアセス手続きを追加するなどの動きが見られた。一方，国においては，環境影響評価法制定の際に，国会の附帯決議の中で戦略的環境アセスメントの必要性が指摘されたたため，環境省において，主要諸国での導入状況の調査や研究が行われ，2007（平成 19）年に「戦略的環境アセスメント導入ガイドライン」として取りまとめられた。

8.6.2 関連する取り組み

戦略的環境アセスメントに関連する取り組みとして，例えば国土交通省では，2003（平成 15）年に「公共事業の構想段階における住民参加手続きガイドライン」を策定し，これに基づき道路，河川，空港，港湾分野において個別にガイドラインが策定され，パブリックインボルブメント（PI）の取り組みが行われている。さらに，2008（平成 20）年には，公共事業の構想段階における計画策定プロセスのあり方について，標準的な考え方を示した「公共事業の構想段階における計画策定プロセスガイドライン」が策定されたが，これは，戦略的環境アセスメントを含むものとなっている。

8.6.3 環境影響評価法の一部改正[16)]

環境影響評価法は 1999（平成 11）年の施行以降，同法に基づく環境影響評価の適用を通じて，環境保全に配慮した事業の実施を確保する機能を果たしてきた。その間の法律の施行を通じて発生した課題への対応や生物多様性の保全，地球温暖化対策の推進，地方分権の推進，行政手続きのオンライン化などの社会情勢の変化に対応するため，2011（平成 23）年 4 月に一部改正された（2012 年 4 月より一部施行）。

おもな改正点は，事業の早期段階における環境配慮を図るため，第 1 種事業を対象に，事業の位置や規模などを選定するにあたって環境保全に配慮すべき事項を検討し，計画段階配慮書を作成することを義務化したこと，方法書における説明会の開催の義務化したこと，インターネットの利用等による環境影響評価図書の電子縦覧を義務化したこと，評価項目等の選定段階において，環境大臣が主務大臣に対して技術的見地から意見を述べることができるものとしたこと，環境影響評価後の環境配慮の充実化のために，評価書の公告を行った事業者に対して環境保全措置等の実施状況についての公表等を義務化したことなどが挙げられる。なお，図8.12で示した環境アセスメントの手順は，これらの改正を踏まえたものとなっている。

8.7　交通需要マネジメント

交通需要マネジメント（transportation demand management，**TDM**）は，公共交通への利用転換や自動車の効率的利用など交通行動の変更を促して，発生交通量の抑制や集中の平準化など交通需要の調整を行うことにより，道路交通混雑を緩和し，環境負荷を軽減していく取り組みである。具体的には，手段の変更，時間帯の変更，経路の変更，自動車の効率的利用，発生源の調整などが挙げられる[1),17)]。

手段の変更：鉄道など大量公共交通機関の利用を促進し，自動車利用からの転換を促すものである。パークアンドライド，パークアンドバスライド，鉄道やバス等の案内情報の充実，利用しやすい車両や施設への改良，LRTやコミュニティバスの整備など公共交通機関の利便性向上策，自転車利用の環境整備などである。

時間帯の変更：ピーク時間帯の交通を時間外にシフトさせ，交通需要の時間的な平準化を行うものである。時差出勤（オフピーク通勤），フレックスタイム，朝夕の時間帯を避けた配達，ジャストインタイムや商習慣（5・10日等）の見直しなどがある。

経路の変更：混雑道路の交通を分散させることで，交通需要の空間的な平準化を行うものである。渋滞情報の提供，駐車場情報の提供，交通管理者による交通管制の高度化などがある。

自動車の効率的利用：乗用車等の乗車率，貨物車の積載率を適正化するものである。相乗り（カープール，バンプール），共同利用（カーシェアリング），物質の共同輸配送などがある。

発生源の調整：自動車交通の発生量を調整，抑制するものである。在宅勤務，通信手段による代替などがある。

なお，すべての目的に対応可能な施策として，職住近接のまちづくりなどが，発生源の調整を除く目的に対応可能な施策として，ロードプライシングや走行規制などがある。

演 習 問 題

〔8.1〕 大気汚染防止法施行令で定められている自動車排出ガスの物質を五つ挙げよ。

〔8.2〕 1997（平成9）年に制定された環境影響評価法の趣旨を述べよ。

〔8.3〕 環境影響評価法において環境アセスメントの対象となる事業を挙げよ。

〔8.4〕 環境アセスメントに関するつぎの用語を説明せよ。

スクリーニング，　スコーピング

9章 安全・安心な交通

◆本章のテーマ

本章では，まず，交通事故の発生状況として，道路交通と鉄道の傾向について既存統計を基に示すとともに，交通事故による損失について述べる。つぎに，交通安全対策として，第10次交通安全基本計画の内容を中心に説明する。さらに，近年重要性を増しているバリアフリーと自転車交通の安全対策について解説する。

◆本章の構成（キーワード）

9.1　交通事故の発生状況
　　道路交通事故，状態別，道路形状別，事故類型別
9.2　交通事故による損失
　　金銭的損失，非金銭的損失
9.3　交通安全対策
　　交通安全対策基本法，交通安全基本計画，運輸安全マネジメント制度
9.4　自転車交通の安全対策
　　自転車ネットワーク計画，自転車活用推進法
9.5　バリアフリー
　　ユニバーサルデザイン，バリアフリー新法

◆本章を学ぶと以下の内容をマスターできます

☞　交通事故の発生状況と要因
☞　交通安全対策の具体的内容

9.1 交通事故の発生状況

9.1.1 道路交通事故の状況[1), 2)]

わが国の道路交通事故による交通事故発生件数，死者数および負傷者数の推移を**図 9.1** に示す。死者数（24 時間）は，1970（昭和 45）年の 1 万 6 765 人をピークに減少に向かい，1979（昭和 54）年には 8 466 人とほぼ半減した。これは，1970（昭和 45）年に**交通安全対策基本法**が制定され，同法に基づく**交通安全基本計画**を 5 年ごとに策定し，交通安全対策を総合的かつ計画的に推進した結果である。

その後増加に転じ，1992（平成 4）年には 1 万 1 451 人に達したものの，翌

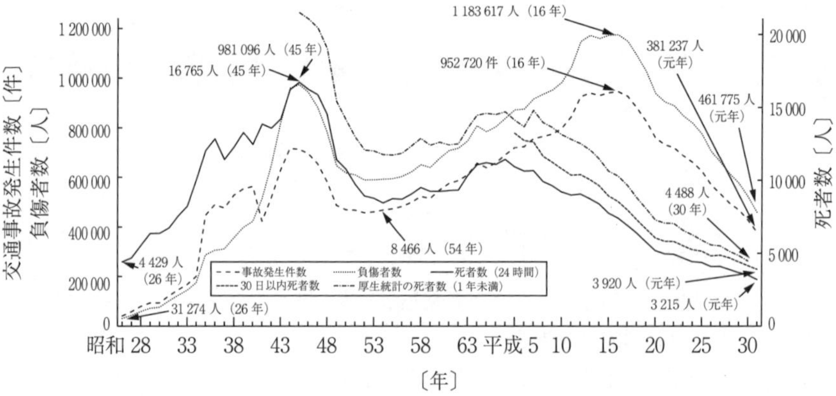

（注 1） 警察庁資料による。
（注 2） 「死者数（24 時間）」とは，交通事故によって，発生から 24 時間以内に死亡した者をいう。
（注 3） 「死者数（30 日以内）」とは，交通事故によって，発生から 30 日以内（交通事故発生日を初日とする。）に死亡した者をいう。
（注 4） 「死者数（厚生統計）」は，警察庁が厚生労働省統計資料「人口動態統計」に基づき作成したものであり，当該年に死亡した者のうち原死因が交通事故によるもの（事故発生後 1 年を超えて死亡した者および後遺症により死亡した者を除く。）をいう。なお，平成 6 年以前は，自動車事故とされた者を，平成 7 年以降は，陸上の交通事故とされた者から道路上の交通事故ではないと判断される者を除いた数を計上している。
（注 5） 昭和 41 年以降の交通事故発生件数には，物損事故を含まない。
（注 6） 死者数（24 時間），負傷者数および交通事故発生件数は，昭和 46 年以前は，沖縄県を含まない。

図 9.1　道路交通事故による交通事故発生件数・死者数・負傷者数[1)]

年から再び減少に転じ，2019（令和元）年は 3 215 人と，過去最悪であった 1970（昭和 45）年の 5 分の 1 以下となった。また，30 日以内死者数（事故発生から 30 日以内に死亡した人数）や，厚生統計の死者数（事故発生から 1 年以内に死亡した人数）についても，同様の減少傾向を示している。

近年，死者数が減少した要因としては，道路交通環境の整備，交通安全思想の普及徹底，安全運転の促進，車両の安全性の確保，道路交通秩序の維持，救助・救急体制等の整備など，交通安全基本計画に基づくさまざまな対策を総合的に推進してきたことが挙げられている。特にシートベルト着用者率の向上，高速走行の事故の減少，飲酒運転等悪質・危険性の高い事故の減少，法令違反の歩行者の減少などの要因が，死者数の減少に寄与している。しかし，死者数の減少幅は小さくなっており，これは高齢者人口の増加，シートベルト着用率等の頭打ち，飲酒運転による交通事故件数の下げ止まりなどの要因が挙げられている。

また，死傷者数と交通事故件数についても，2004（平成 16）年をピークに減少が続いており，2019（令和元）年には死傷者数が 494 990 人まで減少した。第 10 次交通安全基本計画の目標を達成したものの，依然として高い水準にある。

一方，最近の交通死亡事故に関して，65 歳以上の高齢者の死者数は減少しているものの高水準で推移しており，2019 年で全体の 55.4 %を占めている。高齢者の死者数の割合が高い理由として，歩行中死者数に関して高齢者の横断歩道外横断など横断違反の割合が高齢者以外より高いこと，自転車乗車中死者数に関して自転車側に何らかの法令違反があった割合が高齢者で高いことなどが挙げられる。

ここで，交通事故死者数の状態別，道路形状別，事故類型別の発生状況はつぎのとおりである。まず，状態別の交通事故死者数は**図 9.2** に示すとおり，**歩行中**が最も多く，次いで自動車乗車中となっており，両者で全体の 70.3 %を占めている。

つぎに，道路形状別の死亡事故発生件数は**図 9.3** に示すとおり，**交差点内**が最も多く（34.3 %），次いで一般単路（交差点，カーブ，トンネル，踏切等を

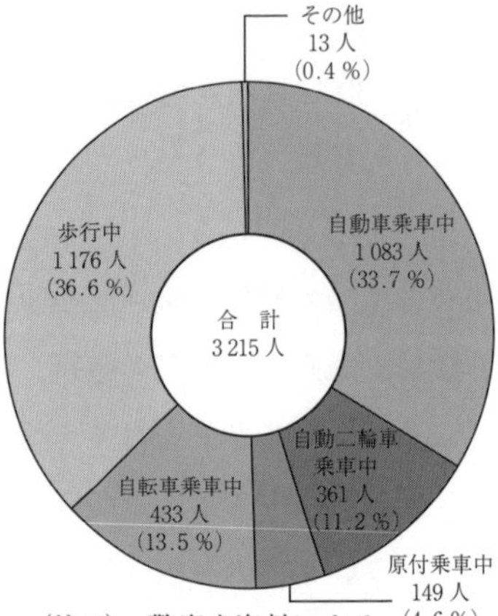

(注 1)　警察庁資料による。
(注 2)　(　) 内は構成率である。

図 9.2　状態別交通事故死者数（2019 年）[1)]

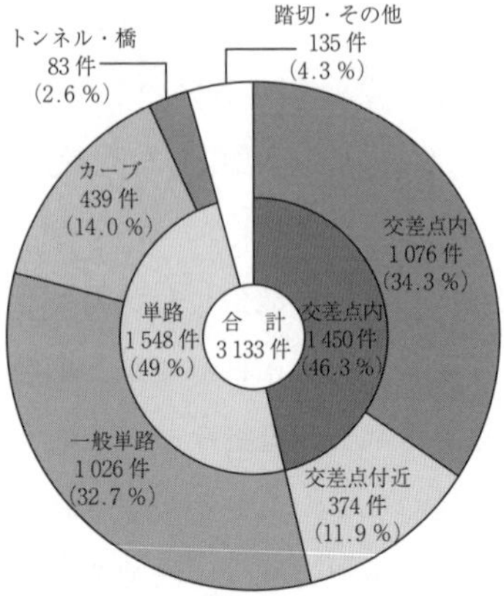

(注 1)　警察庁資料による。
(注 2)　(　) 内は構成率である。

図 9.3　道路形状別死亡事故発生件数（2019 年）[1)]

除いた道路形状）(32.7 %)，カーブ（14.0 %）の順である。

事故類型別の交通死亡事故発生件数は**図 9.4** に示すとおり，正面衝突等（31.5 %)，歩行者横断中（23.5 %)，出会い頭衝突（12.8 %）人対車両その他（11.8

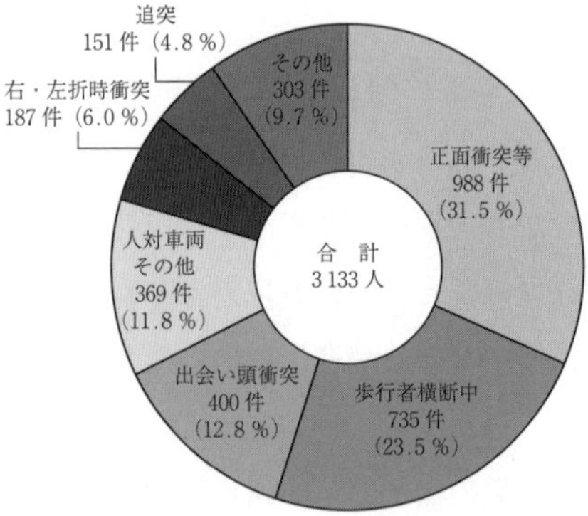

(注 1)　警察庁資料による。
(注 2)　「人対車両その他」とは，人対車両の事故のうち，歩行者横断中以外の事故をいう（対面通行中，背面通行中，路上横臥等）。
(注 3)　「正面衝突等」とは正面衝突,路外逸脱および工作物衝突をいう。
(注 4)　(　) 内は構成率である。

図 9.4　事故類型別交通死亡事故発生件数（2019 年）[1)]

%）が多くなっている。

9.1.2　鉄道事故の状況[1), 2)]

鉄道の運転事故（列車または車両の運転中における事故）は，踏切事故防止対策の推進，自動列車停止装置（automatic train stop，ATS）等の保安設備の整備や改良等を実施してきた結果，長期的には減少しており，2019（令和元）年は605件であった。また，死傷者数について，死者数は247人，負傷者数は360人であった（いずれも2019年）。

運転事故件数の内訳については，人身障害事故（57.2％），踏切障害事故（34.0％）の両者で運転事故件数全体の約9割を占めている。人身障害事故のうち，ホームでの接触事故については，2004（平成16）年以降増加傾向であったが，2013（平成25）年の231件を境に減少傾向であり，2019（令和元）年は156件であった。踏切障害事故については，自動車との衝突が38.0％，歩行者との衝突が45.7％，自転車等との衝突が14.4％であった。また，死者数についても，人身障害事故と踏切障害事故がほぼすべてを占めている。

9.2　交通事故による損失

交通事故による損失はきわめて大きい。内閣府の調査によると，道路交通事故による経済的損失は6兆3340億円と推計されている[3)]（**表9.1**参照）。これは，1年間の交通事故によって生じる損失のうち，**金銭的損失**である医療費，慰謝料，逸失利益等の人的損失，車両・構築物の修理費等の物的損失，交通事故に係る救急搬送費用，警察の事故処理費用，裁判費用，保険運営費用，渋滞の損失などに加え，交通事故による痛み，苦しみ，生活の喜びを享受できなくなることなどの**非金銭的損失**を交通事故による損失と捉え，このうち死亡損失，負傷損失について算定したものである（**表9.2**参照）。

なお，この死亡損失，負傷損失の分析には，交通事故による死亡リスクを減少させる交通安全対策に対し人々が最大限支払ってもよいと考える額（支払意

表 9.1　交通事故による経済的損失[3]

単位：十億円

	死亡	後遺障害	傷害	物損	計
人的損失	201	528	630	−	1 359
物的損失	3	26	433	1 249	1 711
事業主体の損失	6	14	61	−	81
各種公的機関等の損失	14	82	712	20	828
金銭的損失合計	223	649	1 837	1 269	3 979
死傷損失	1 509	577	269	−	2 355
総　計	1 733	1 226	2 106	1 269	6 334

（注）　四捨五入のため，集計欄の値が必ずしも各欄の集計と一致しない。

表 9.2　金銭的損失算定の対象範囲[3]

損失の種別		算定費目
金銭的損失	人的損失	治療関係費，休業損失，慰謝料，逸失利益等
	物的損失	車両，構築物の修理，修繕，弁償費用
	事業主体の損失	死亡，後遺障害，休業等による付加価値額低下分の損失
	各種公的機関等の損失	救急搬送費，警察の事故処理費用，裁判費用，訴訟追行費用，検察費用，矯正費用，保険運営費，被害者救済費用，社会福祉費用，救急医療体制整備費，渋滞の損失．事故車両の移動費
非金銭的損失	死亡損失	本人の交通事故による死亡リスク削減に対する支払意思額
	負傷損失	本人の交通事故による負傷リスク削減に対する支払意思額

思額：willingness to pay）を基に，現在の交通事故による損失を推計する**仮想的市場評価法**（contingent valuation method，**CVM**）が採用されている。

9.3　交通安全対策

9.3.1　交通安全基本計画

9.1.1 項で述べたとおり，わが国の交通安全対策は，交通安全の確保が大き

計画の基本理念

- 人優先の交通安全思想の下，道路交通事故死者数については，過去最悪時の4分の1以下にまで減少。
- より高い目標を掲げ，今後なお一層の交通事故の抑止を図るためには，従来の施策の深化はもとより，先端技術を積極的に取り入れた新たな時代における対策に取り組む。また，公共交通等の安全対策に一層取り組む。
- これにより，交通事故のない社会の実現への大きな飛躍と世界をリードする交通安全社会を目指す。

第1　道路交通の安全

交通事故死者数の15年ぶりの増加や安全運転義務違反に起因する死亡事故の割合が相対的に高くなっていることなどから，本計画の目標を達成し，世界一安全な道路交通を実現していくためには，これまでの対策の深化とともに，日々進歩する交通安全に資する先端技術や情報の活用を一層促進していくことが重要。

【目標】
① 24時間死者数を2 500人（※）以下とし，世界一安全な道路交通を実現する。
（※30日以内死者数約3 000人）
② 死傷者数を50万人以下にする。

【対策】
〈視点〉
1 交通事故による被害を減らすために重点的に対応すべき対象
① 高齢者および子供の安全確保 ② 歩行者および自転車の安全確保
③ 生活道路における安全確保
2 交通事故が起きにくい環境をつくるために重視すべき事項
① 先端技術の活用推進 ② 交通実態等を踏まえたきめ細かな対策の推進 ③ 地域ぐるみの交通安全対策の推進
〈対策の柱〉
① 道路交通環境の整備 ② 交通安全思想の普及徹底 ③ 安全運転の確保 ④ 車両の安全性の確保 ⑤ 道路交通秩序の維持 ⑥ 救助・救急活動の充実 ⑦ 被害者支援の充実と推進 ⑧ 研究開発および調査研究の充実

第2　鉄道交通の安全

【目標】
① 乗客の死者数ゼロを目指す。
② 運転事故全体の死者数減少を目指す。

【対策】
〈視点〉
① 重大な列車事故の未然防止 ② 利用者等の関係する事故の防止
〈対策の柱〉
① 鉄道交通環境の整備 ② 鉄道交通の安全に関する知識の普及
③ 鉄道の安全な運行の確保 ④ 鉄道車両の安全性の確保　等

第3　踏切道における交通の安全

【目標】
踏切事故件数を平成27年と比較して約1割削減することを目指す。

【対策】
〈視点〉 それぞれの踏切の状況等を勘案した効果的対策の推進
〈対策の柱〉 ① 踏切道の立体交差化，構造の改良および歩行者等立体横断施設の整備の促進 ② 踏切保安設備の整備および交通規制の実施　等

第4　海上交通の安全

【目標】
① わが国周辺で発生する船舶事故隻数を少なくとも2 000隻未満とする。② ふくそう海域における，衝突・乗揚事故の発生率（通航隻数100万隻当り76隻以下）を維持確保，大規模海難の発生数をゼロとする。③ 救助率95%以上とする。

【対策】
〈視点〉
① ヒューマンエラーによる事故の防止 ② ふくそう海域における大規模海難の防止
③ 旅客船の事故の防止 ④ 人命救助体制および自己救命対策の強化
〈対策の柱〉
① 海上交通環境の整備 ② 海上交通の安全に関する知識の普及 ③ 船舶の安全な運航の確保 ④ 船舶の安全性の確保 ⑤ 小型船舶の安全対策の充実 ⑥ 海上交通に関する法秩序の維持　等

第5　航空交通の安全

【目標】
① 本邦航空運送事業者が運航する定期便について，死亡事故発生率および全損事故発生率をゼロにする。② 航空事故発生率および重大インシデント発生率に関する14の指標で直近5年間の実績の平均値について年率7%の削減を図る。

【対策】
〈視点〉
① 航空安全対策の深化・高度化 ② 航空需要増への対応および安全維持・向上の一体的推進 ③ 新技術・産業発展に伴う安全行政の新たな展開
〈対策の柱〉
① 航空安全プログラムの更なる推進 ② 航空機の安全な運航の確保 ③ 航空機の安全性の確保 ④ 航空交通環境の整備 ⑤ 無人航空機の安全対策　等

図9.5　第10次交通安全基本計画の概要[2)]

な社会問題となっていた1960（昭和45）年に**交通安全対策基本法**が制定されたことを端緒とする。交通安全対策基本法では，交通の安全に関する総合的かつ長期的な施策の大綱である**交通安全基本計画**の作成について定めており，1971（昭和46）年度の第1次交通安全基本計画から2016（平成28）年度の第10次交通安全基本計画まで，10次にわたって策定されている。2016（平成28）年に策定された第10次交通安全基本計画（計画期間：平成28年度から令和2年度まで）の概要を**図9.5**に示す。

この第10次交通安全基本計画では，これまでの施策の深化と先端技術を積極的に取り込むことなどで，交通事故のない社会の実現への大きな飛躍と世界をリードする交通安全社会を目指す基本理念を掲げている。道路，鉄道，踏切道，海上交通，航空の交通ごとに計画期間内に達成すべき目標を設定し，その実現を図るために交通社会を構成する3要素である「人間」，「交通機関」，「交通環境」について施策を策定し，国民の理解と協力の下，強力に推進する内容となっている[2)]。

9.3.2　運輸安全マネジメント制度

鉄道やバス等の運輸事業の安全を確保するために，運輸安全マネジメント制度[4)]が実施されている。これは，2005（平成17）年に，ヒューマンエラーに起因すると見られる事故・トラブルが多発したことを受けて，運輸の安全性の向上のための鉄道事業法等の一部を改正する法律（運輸安全一括法）が成立した。この法律に基づき，陸・海・空の運輸事業者に対し，安全管理規程の作成・届出，安全統括管理者の選任・届出等が義務づけられた。

これにより，事業者が経営トップ主導により現場までが一丸となった安全管理体制を構築し，国がその実施状況を確認する運輸安全マネジメント評価を行うこととなっている。

9.3.3　道路交通に対する安全対策

第10次交通安全基本計画のうち道路交通の安全については，被害を減らす

表 9.3 生活道路における歩行空間整備のための施策[2)]

項目	具体的な対策
生活道路における交通安全対策の推進	交通事故の多いエリアにおいて，国，自治体，地域住民等が連携し，子供や高齢者等が安心して通行できる道路空間の確保を図る。
	（都道府県公安委員会） ・最高速度 30 キロメートル毎時の区域規制等による「ゾーン 30」を実施するほか，道路標識・道路標示の高輝度化や信号灯器の LED 化，路側帯の設置・拡幅，ゾーン規制の活用等の安全対策や，外周幹線道路を中心に信号機の改良，光ビーコン，交通情報板等によるリアルタイムの交通情報提供等の交通流円滑化対策を実施。 ・バリアフリー新法の生活関連経路を構成する道路を中心に，音響式信号機，高齢者等感応信号機，経過時間表示機能付き歩行者用灯器の整備，歩行者と自動車の流れを分離して歩行者と自動車を錯綜させない動線とすることにより，歩行者と自動車の事故を防止する歩車分離式信号の導入を推進。
	（道路管理者） ・歩道の整備等により安心して移動できる歩行空間ネットワークを整備するとともに，ハンプ，クランク等車両速度を抑制する道路構造により，歩行者や自転車の通行を優先するゾーンを形成するゾーン対策，外周幹線道路の交通を円滑化するための交差点改良やエリア進入部におけるハンプ・狭さくの設置等によるエリア内への通過車両の抑制対策を実施。 ・通過交通の排除や車両速度の抑制を行うためのハンプ・狭さく等の標準仕様を策定するとともに，ビッグデータの活用により潜在的な危険箇所の解消を進めるほか，交通事故の多いエリアでは，国，自治体，地域住民等が連携して効果的・効率的に対策を実施。 ・道路標識の高輝度化・大型化・可変化・自発光化，標示板の共架，設置場所の統合・改善，道路標示の高輝度化等を行い，見やすく分かりやすい道路標識・道路標示とするなど視認性の向上を図る。
通学路等の歩道整備等の推進	定期的な合同点検の実施や対策の改善・充実等の継続的な取り組みを支援するとともに，警察，教育委員会，学校，道路管理者等の関係機関が連携し，通学路における交通安全を確保する。
	・高校，中学校に通う生徒，小学校，幼稚園，保育所や児童館等に通う児童・幼児の通行の安全を確保するため，通学路等の歩道整備等を積極的に推進。 ・ハンプ・狭さく等の設置，路肩のカラー舗装，防護柵の設置，自転車道・自転車専用通行帯・自転車の通行位置を示した道路等の整備，押ボタン式信号機・歩行者用灯器等の整備，立体横断施設の整備，横断歩道等の拡充等の対策を推進。 ・通学路における交通規制の担保の手法として，ライジングボラードの活用の効果を検討し，当該結果を踏まえて，ライジングボラードの活用の実現に向けた取り組みを推進。
高齢者，障害者等の安全に資する歩行空間等の整備	・高齢者や障害者等を含めすべての人が安全に安心して参加し活動できる社会を実現するため，駅，公共施設，福祉施設，病院等の周辺を中心に平坦性が確保された幅の広い歩道等を積極的に整備。 ・歩道の段差・傾斜・勾配の改善，音響式信号機や歩車分離式信号等のバリアフリー対応型信号機，エスコートゾーン，昇降装置付立体横断施設，歩行者用休憩施設，自転車駐車場，障害者用の駐車ます等を有する自動車駐車場等を整備。 ・併せて，高齢者，障害者等の通行の安全と円滑を図るとともに，高齢運転者の増加に対応するため，信号灯器の LED 化，道路標識の高輝度化等を推進。 ・駅前等の交通結節点において，エレベーター等の設置，スロープ化や建築物との直結化が図られた立体横断施設，交通広場等の整備を推進し，歩きたくなるような安全で快適な歩行空間を積極的に確保。特に，バリアフリー新法に基づき，重点整備地区に定められた駅の周辺地区等においては，公共交通機関等のバリアフリー化と連携しつつ，誰もが歩きやすい幅の広い歩道，道路横断時の安全を確保する機能を付加したバリアフリー対応型信号機等を面的に整備しネットワーク化を図る。 ・交差点等に設置する通信装置と高齢者，障害者等が所持する携帯端末等との双方向通信により，安全な通行に必要な情報の提供や信号機の青時間の延長を行う歩行者等支援情報通信システム（PICS）の整備を推進し，高齢者，障害者等の安全な移動を支援。 ・視覚障害者誘導用ブロック，歩行者用の案内標識，バリアフリーマップ等により，公共施設の位置や施設までの経路等を適切に案内。
	・横断歩道，バス停留所付近の悪質性，危険性，迷惑性の高い駐車違反に対する取締りを強化するとともに，高齢者，障害者等の円滑な移動を阻害する要因となっている歩道や視覚障害者誘導用ブロック上等の自動二輪車等の違法駐車についても，放置自転車等の撤去を行う市町村と連携を図りつつ積極的な取締りを推進。

（注） 文献 2）を基に作成。

ために重点的に対応すべき対象という視点に加え，交通事故が起きにくい環境を作るために重視すべき事項が新たな視点として定められた。対策の柱の一つとして挙げられている道路交通環境の整備については，生活道路における人優先の安全・安心な歩行空間の整備の重要性が指摘されており，その施策を**表 9.3** に示す。

また，情報通信技術（ICT）の活用は，人間のミスによる被害の防止に大きく貢献することが期待できることから，**ITS**（高度道路交通システム）の活用などを積極的に進めることが重要と指摘されている。なお，ITS については 10 章で詳述する。

9.3.4 鉄道に対する安全対策

鉄道に関する列車の衝突などの事故が発生すると多数の死傷者が生じる恐れがあり，重大な列車事故の未然防止に総合的施策が実施されている。鉄道施設の適切な維持管理，長寿命化に資する補強・改良を進めるとともに，自然災害への対応として，耐震化，地下鉄駅等の浸水対策，鉄道ネットワークの維持や一時避難場所として機能確保などが実施されている。また，ホームドアの設置やバリアフリー化などの対策も推進されている。踏切道の安全対策としては，遮断時間が長い踏切道（開かずの踏切）などに対して，立体交差化などの抜本的対策に加え，歩道拡幅等の速効性のある対策を総合的に行っている。

9.4 自転車交通の安全対策

9.4.1 自転車の現状[5)]

自転車（bicycle）は通勤，通学，買い物などの日常生活での移動から，サイクリングなどのレジャーまで幅広く利用されている。自転車の保有台数は増加傾向にあり，2019（令和元）年時点で約 6 762 万台である。また，2015（平成 27）年に国土交通省が実施した大都市交通センサスによると，自宅から駅までのアクセス手段（定期券利用者）のうち自転車が占める割合は，首都圏で

16.7％，中京圏で 26.3％，近畿圏で 20.0％となっており，首都圏では，埼玉県，千葉県，神奈川県西部などの郊外部で自転車の割合が高いなど，都市内交通における重要な移動手段となっている。

一方で近年，自転車にかかわる交通事故の発生は社会問題化しつつある。9.1 節でも述べたように，交通事故死者数は近年減少傾向にあるが，自転車乗車中死者数の占める割合は増加する傾向が見られる。また，2009（平成 21）年から 2019（令和元）年の 10 年間で自転車関連事故件数が 156 488 件から 80 473 件へ約 5 割減少したのに対し，自転車対歩行者の事故件数は 2 946 件から 2 831 件とほぼ横ばいである。

9.4.2　自転車の安全対策[5)]

自転車の走行空間については，1960（昭和 35）年に制定された**道路交通法**では車道の左側部分を通行とされていたが，昭和 40 年代のモータリゼーションの進展による交通事故の急増を受け，歩行者の通行を妨げない速度および方法で通行することを前提に，自転車の歩道通行を可能とする交通規制が導入された。このように自動車からの分離が図られた結果，自転車乗車中の事故死者数は大幅に減少した。また，同時期に自転車走行空間の確保を目的として，自転車道，専用通行帯が規定された。

一方で，自転車は車両であるという意識が希薄したことにより，歩道上で危険性の高い自転車利用が増加し，自転車対歩行者の事故件数は増加傾向にあった。このような状況を踏まえ，自転車が歩道通行できる要件の明確化などを目的として，2007（平成 19）年に道路交通法が改正された（施行は 2008 年）。具体的には，普通自転車の歩道通行に関する規定（13 歳未満の子供および 70 歳以上の高齢者が歩道通行できるなど）や，乗車用ヘルメットに関する規定（保護者が児童・幼児を自転車に乗車させるときに，ヘルメットをかぶらせる義務）などが加えられた。この改正に伴い，道路交通法のうち自転車について守るべき規定をまとめた自転車安全利用五則（① 自転車は車道が原則，歩道は例外，② 車道は左側を通行，③ 歩道は歩行者優先で，車道寄りを徐行，④

安全ルールを守る（飲酒運転・二人乗り・並進の禁止，夜間はライトを点灯，交差点での信号遵守と一時停止・安全確認），⑤ 子供はヘルメットを着用）が発表された。

その後，警察庁は 2011（平成 23）年に，車道を通行する自転車と歩道を通行する歩行者の双方の安全確保を目的とする総合的な対策を発表した。具体的な対策としては，自転車専用の走行空間の整備や，幅員 3 m 未満の歩道における自転車歩道通行可の交通規制の見直し（ただし，歩行者の通行量がきわめて少ない場合や，車道の交通量が多く自転車が車道を通行すると危険な場合を除く），自転車は車両であるというルールの周知と安全教育の推進などが挙げられている[6)]。

また，2012（平成 24）年 11 月には，国土交通省と警察庁が共同で「安全で快適な自転車利用環境創出ガイドライン」を策定し，自転車は車道通行が原則との観点から，自転車ネットワーク計画の作成方法や，歩行者，自転車，自動車が適切に分離された自転車通行空間設計の考え方をとりまとめている。また，2016（平成 28）年 7 月にガイドラインを改定し，車道混在とする場合の路面表示（矢羽根・ピクトグラム）を標準仕様化している[7)]。

このガイドラインに基づき，歩行者と分離された自転車通行空間の整備が進められるとともに，自転車通行空間を効果的かつ効率的に整備するため，自治体による自転車ネットワーク計画の策定を促進している。自転車ネットワーク計画策定自治体数は 203 市区町村（DID を有する市区町村の約 25 %），歩行者と分離された自転車通行空間の整備延長は約 2 930 km である（**表 9.4** 参照，いずれも 2020 年 3 月 31 日現在）。

自転車については，環境負荷の低減，災害時における交通機能の維持，国民の健康増進等を図ることなどの課題へ対応するため，2017（平成 29）年に**自転車活用推進法**が施行されるとともに，同法に基づく**自転車活用計画**が策定された。自転車活用計画の目標はつぎのとおりである。

① 歩行者と分離された「自転車通行空間の整備」について，各地方自治体による整備を促進するため，「地方版の自転車活用推進計画」策定のため

表 9.4 歩行者と分離された自転車走行区間の整備状況[5]

〔単位：km〕

整備形態 ＼ 調査年次	自転車と歩行者が分離された整備形態				
	自転車 専用道路 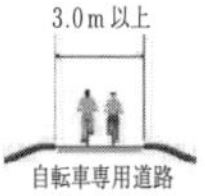 	自転車道  	自転車専用 通行帯 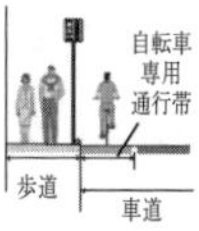 	車道混在※1 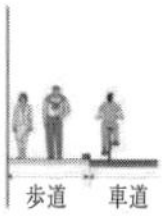 	計
H30.3.31	70	160	470	1 050	1 750
H31.3.31	70	160	480	1 540	2 260
R2.3.31	80	160	540	2 150	2 930

※1. 矢羽根型路面表示などにより自転車の通行位置と占有幅が明示されているものに限る。

の手引き書をとりまとめ周知することにより，47 都道府県を含む 200 の地方自治体での策定を目標として，自転車活用推進計画の策定を促進。

② 新たな観光として人気が高まっている「サイクル・ツーリズムの推進」について，官民連携して先進的なサイクリング環境を目指すモデルルートを 40 ルート作るとともに，国内外に PR するために，わが国を代表するナショナルサイクルルートの創設を検討。

③ 近年，利用者が拡大しているシェアサイクルについて，サイクルポートの設置数を現行から倍増させ，1 700 か所設置を目指すことによりシェアサイクルを新たな都市交通システムとしての地位を確立。

④ 自転車の安全な利用を促進するため，国民の交通安全意識の向上に資する広報啓発活動等を促進するとともに，すべての学校において，交通安全教室の開催等発達段階に応じた交通安全教育を実施。

9.5 バリアフリー

9.5.1 バリアフリー対策[8]

バリアフリー（barrier-free）とは，これまでの社会において形成された障壁をなくしていこうというものであり，交通バリアフリーとは，「日常生活や社会生活を営む上で必要とされる移動に対する障壁をなくすこと」と定義される。

交通バリアフリーには，ハード面とソフト面からの対策がある。ハード面は，車いす使用者への段差の解消，視覚障害者誘導用ブロックの設置などの物理的障壁の除去であり，ソフト面は，社会的，制度的，心理的，情報，サービスの障壁の除去であり，障害者差別の防止キャンペーン（社会的障壁の除去），バリアフリーにかかわる法律の整備（制度的障壁の除去），障害者に対する偏見や理解のなさをなくしていく（心理的障壁の除去），案内サインの充実（情報面での障壁の除去），だれもが利用しやすいきめ細かなバス運行サービス（サービス障壁の除去）などが挙げられる。

わが国の交通バリアフリーは，1970年代における福祉の街づくり運動に端を発するといわれている。具体的には，町田市福祉環境整備要綱（1974年施行）をはじめとして，物理的なバリアへの対応を進めるための要綱や条例が自治体で制定された。

その後，1980年代以降，国際障害者年（1981年）や国連・障害者の十年（1983年）によって障害者の認知と配慮の浸透が進み，兵庫県の福祉の街づくり条例（1993年施行），大阪府福祉の街づくり条例（1993年施行）をはじめとして，同種の条例が全国に拡大した。

一方，国においては，建築物，道路，交通機関といった個別施設のガイドラインが策定され，施設ごとのバリアフリー化が推進されてきたが，1994（平成6）年に，建設省（現国土交通省）によって生活福祉空間づくり大綱が発表されるとともに，同年建築物を対象とした**ハートビル法**（高齢者，身体障害者等が円滑に利用できる特定建築物の建築の促進に関する法律）が施行された。

2000（平成12）年には，鉄道駅などを中心とした市街地内の重点的整備を図る**交通バリアフリー法**（高齢者，身体障害者等の公共交通機関を利用した移動の円滑化の促進に関する法律）が施行され，さらに2006（平成18）年には，ハートビル法と交通バリアフリー法を統合した**バリアフリー新法**（高齢者，身体障害者等の移動等の円滑化の促進に関する法律）が施行された。

バリアフリー新法の概要は**図 9.6** に示すとおりであり，法律の目的は，高齢者や障害者，妊産婦，けが人などの移動や施設利用の利便性，安全性の向上を促進することにある。具体的には，公共交通機関，建築物，都市公園，路外駐車場，歩行空間の新設・改良時における移動等円滑化基準への適合義務を課すことによって，各施設のバリアフリー化を推進するとともに，基本構想制度を活用して，駅を中心とした地区や，高齢者，障害者などが利用する施設が集積した地区において，重点的かつ一体的なバリアフリー化を推進するものである。

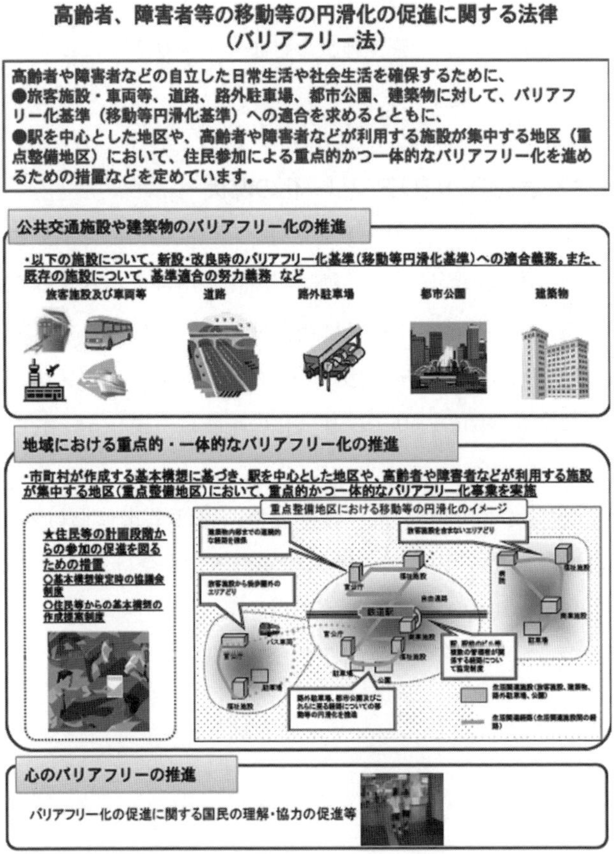

図 9.6 バリアフリー新法の概要[9)]

また，**ユニバーサルデザイン**（universal design）の考え方を踏まえた規定が設けられた。ユニバーサルデザインとは，あらゆる人々が利用しやすい生活環境をデザインするという考え方であり，具体的な規定はつぎのとおりである。

- さまざまな段階での住民・当事者参加
- スパイラルアップ（継続的・段階的な改善）
- 心のバリアフリーの促進

なお，バリアフリー新法は交通バリアフリー法と比べて，対象者が身体障害者から障害者となり，障害者全般に対象が明確化された点，「移動」から「移動等」となり，「利用」の観点が加わった点，基本構想制度に基づく重点整備地区の対象エリアについて，旅客施設を含まないエリアまで拡充した点に大きな特徴がある。

9.5.2　公共交通機関のバリアフリー化の現状

上述したとおり，バリアフリー新法に基づき旅客施設の新設や大規模な改良，車両等の新規導入の際には，移動等円滑化基準に適合させることが義務づけられた。また，既存施設については同基準の適合への努力義務が課されるとともに，市町村が策定する基本構想に即した一体的なバリアフリー化が推進されている。公共交通機関のバリアフリー化の現状は，**表 9.5** に示したとおりである。

なお，鉄道駅へのエレベーター等の設置，路面電車における低床式車両（light rail vehicle，LRV）の導入，標準仕様の認定を受けたノンステップバスに対しては，補助が実施されている。

表 9.5　公共交通機関のバリアフリー化の現状[10)]
（2019（平成 31）年 3 月 31 日現在）

（a）　旅客施設（1 日当りの平均的な利用者数が 3 000 人以上のもの）

	総施設数	「段差の解消」がされている旅客施設数	総施設数に対する割合（H30 年度末）	目標値（割合）R2 年度末
鉄軌道駅	3 586	3 241	90.4 %	100.0 %
バスターミナル	47	44	93.6 %	100.0 %
旅客船ターミナル	14	14	100.0 %	100.0 %
航空旅客ターミナル	37	32	86.5 %	100.0 %

（注）「段差の解消」については，バリアフリー法に基づく公共交通移動等円滑化基準第 4 条（移動経路の幅，傾斜路，エレベーター，エスカレーター等が対象）への適合をもって算定。

（b）　車両等

	車両等の総数	移動等円滑化基準に適合している車両等の数	車両等の総数に対する割合	目標値 R2 年度末
	H30 年度末	H30 年度末	H30 年度末	
鉄軌道車両	52 673	38 564	73.2 %	約 70 %
ノンステップバス（適用除外認定車両を除く）	46 872	27 574	58.8 %	約 70 %
リフト付きバス（適用除外認定車両）	13 530	696	5.1 %	約 25 %
福祉タクシー	–	28 602	–	約 44 000 台
旅客船	666	308	46.2 %	約 50 %
航空機	655	643	98.2 %	約 100 %

（注 1）「移動等円滑化基準に適合している車両等」は，各車両等に関する公共交通移動等円滑化基準への適合をもって算定。

（注 2）「移動等円滑化の促進に関する基本方針」の改正により，平成 31 年 4 月 1 日より「福祉タクシー」および「航空機」の目標値を変更。

演　習　問　題

〔9.1〕　最近の道路交通死亡事故の特徴を挙げよ。

〔9.2〕　交通事故による損失項目を挙げよ。

〔9.3〕　2006（平成 18）年に制定されたバリアフリー新法の趣旨を述べよ。

10章 ICT と 交 通

◆本章のテーマ

本章では，近年進展が著しいICT（情報通信技術）を活用した交通のサービスとして，まず，ITS（高度道路交通システム）について説明する。つぎに，公共交通分野でのICTの活用事例を紹介し，最後に，ITSの今後の展開について述べる。

◆本章の構成（キーワード）

10.1　ITS
　　VICS，ETC
10.2　公共交通とICT
　　ICカード乗車券，MaaS，自動運転
10.3　自動運転の展開
　　自動運転レベルの定義
10.4　ITSの今後の展開
　　官民ITS構想・ロードマップ

◆本章を学ぶと以下の内容をマスターできます

☞　ICTの活用による多用な交通サービスの展開

10.1 ITS

10.1.1 ITS の 概 要[1, 2]

ITS（intelligent transport system：**高度道路交通システム**）は最先端の **ICT**（information and communication technology：**情報通信技術**）を活用して，人と道路と車両を一体のシステムとして構築することで，交通事故や渋滞，環境・エネルギーなどさまざまな問題の解決を図るシステムである。

わが国の ITS に関する研究開発は 1970 年代初めから開始されたが，1996（平成 8）年に「ITS 推進に関する全体構想」が策定され，関係 5 省庁（当時）の動きが一本化された。これにより，開発，実用化，普及のビジョンが示され，国家プロジェクトとして推進されるようになった。

この中でカーナビ，VICS，ETC，ASV などの ITS 個別要素技術の研究開発が推進され，また，信号制御や道路防災等の道路交通管理分野，バスロケーションシステムや PTPS 等の公共交通分野など，さまざまな分野で実用化が進展した。

2014（平成 26）年には政府の高度情報通信ネットワーク社会推進戦略本部・官民データ活用推進戦略会議により「官民 ITS 構想・ロードマップ」が策定された。そのなかで ITS は，安全，環境，利便達成に貢献する技術として位置づけられており，官民連携による各種技術開発を進めることが記されている。また 2014（平成 26）年度から 2018（平成 30）年度には，政府による総合科学技術・イノベーション会議の戦略的イノベーション創造プログラム（cross-ministerial strategic innovation promotion program，以下 SIP）において「自動走行システム」の研究開発が始まっている。2018（平成 30）年からは SIP 第 2 期「自動運転（システムとサービスの拡張）」が開始され，自動運転技術に関する各種研究開発・実証実験が実施されている。

10.1.2 VICS[3]

VICS（vehicle information and communication system：**道路交通情報通信シ**

ステム）は，渋滞状況，所要時間，交通規制などに関する道路交通情報を，道路上に設置したビーコンや FM 多重放送によりカーナビゲーションシステムなどの車載器にリアルタイムに提供するシステムである。2020（令和 2）年 6 月末現在，VICS 対応の車載器は累計で約 6 766 万台出荷されている。

10.1.3　ETC[3),4)]

ETC（electronic toll collection system：**自動料金支払いシステム**）は，車両に設置された ETC 車載器に ETC カード（IC カード）を挿入し，有料道路の料金所に設置された路側アンテナとの間の無線通信により，車両を停止することなく通行料金を支払うことが可能なシステムである。わが国の ETC は，路側アンテナ等の設備は有料道路事業者によって設置され，ETC 車載器は車載器メーカ等によって製造・販売されている。また，ETC カードはクレジット会社等から発行されている。

ETC の普及については，2001（平成 13）年 3 月より一般運用が開始され，2019（平成 31）年 3 月末時点では，ETC 無線通行が可能な料金所は 1 633 か所であり，全国の高速道路および有料道路（高速道路株式会社（NEXCO）6 社，名古屋，福岡北九州，広島の各高速道路公社）のほぼすべての料金所に ETC が導入されている。

ETC の導入効果として，① 料金所の処理能力の大幅な向上（おおむね 2～4 倍）による渋滞解消，② 料金所での渋滞解消に伴う CO_2 排出量の減少，③ 利用者の利便性向上（通行料金の支払いの煩わしさの解消）などが挙げられる。

さらに近年，ETC 車両専用のインターチェンジであるスマートインターチェンジの導入，ETC 車両を対象とした料金割引など，ETC を活用した施策が実施されるとともに，有料道路以外においても，駐車場での決済やフェリー乗船手続きでの利用が可能となるなど，多様なサービスが展開されている。2014（平成 26）年 10 月には従来の通行料金の支払いに加えて，渋滞回避支援や安全運転支援等のサービス，また ITS スポットを通して集約される経路情報を活用した「ETC2.0」サービスが開始された。ETC2.0 サービスとは，高速道路

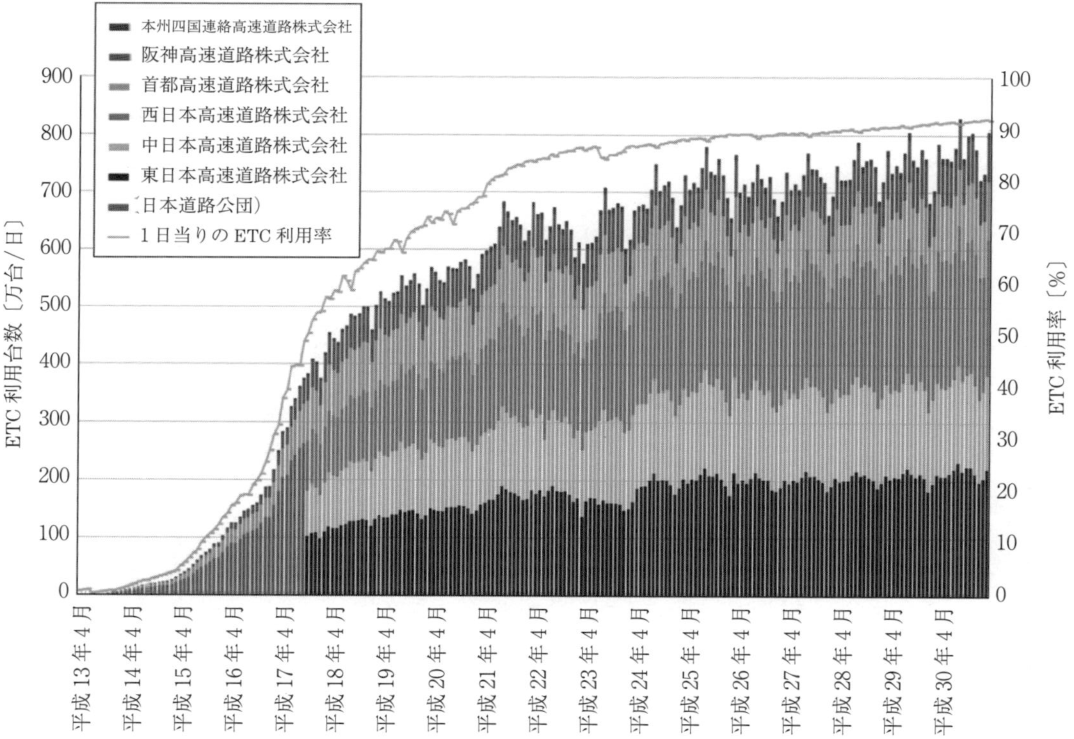

(注1) 平成31年3月末時点
(注2) 平成13年4月～平成17年9月間は，4公団のデータ

出典：一般財団法人ITSサービス高度化機構財団法人 令和元年版（2019年）ETC便覧

図10.1　ETC利用台数[4)]

等に設置されたITSスポット（通信アンテナ）と，ETC2.0車載器との間で高速・大容量，双方向通信を行うことにより，自動料金収受（ETC）に加え渋滞回避支援，安全運転支援等の情報提供を行うサービスである。今後ITSスポットを通して収集される走行履歴（プローブ）情報から把握できる経路情報を活用した新たなサービスの導入なども見込まれている。また走行経路・旅行時間・ヒヤリハットなどの履歴を常時広域的に収集可能であることから，道路政策の評価に用いることが期待されている。

図10.1に示すように，東/中/西日本高速道路株式会社，首都高速道路株式会社，阪神高速道路株式会社，本州四国連絡高速道路株式会社の6道路会社における2019（平成31）年3月のETC利用台数およびETC利用率は，8 061 817台/日および91.8 %となっている。なお，上記6道路会社における2019（平成31）年3月のETC2.0利用台数およびETC2.0利用率は，約166万台/日および18.9 %となっている。

10.2　公共交通とICT[3)]

10.2.1　ICカードの普及と展開[5)]

近年のICTの進展はさまざまな分野に影響を与えている。鉄道やバスなどの公共交通分野でもICカードを使用した新たな乗車券の形態が登場し，利用者の利便性向上に大きく寄与している。ICカード乗車券は，改札機や車内のセンサー（読取り機）に接触させるだけで支払いが完了するため，① 乗車券の購入や乗降時の運賃支払いの煩雑さがなくなる，② バスや路面電車の乗降時間が短縮され，定時性の確保に寄与する，③ 切符・定期券を改札機内に通す必要がないため，誤挿入による故障がなくなるなど多くのメリットがある。

鉄道の乗車券は，従前より関東圏の民鉄による「パスネット」や関西圏の民鉄による「スルッとKANSAI」等の磁気式カードが広く普及していたが，2001（平成13）年11月に，JR東日本が首都圏を対象に「Suica」を導入して以降，ICカード乗車券の導入が積極的に進められてきた。

2007（平成19）年3月から首都圏でサービスが開始された「PASMO」では，ICカード乗車券の共通化・相互利用化により，同一のカードでJRや民鉄，バス等の乗継ぎが可能となり，乗継時間の短縮，乗継ぎの簡便化など利用者の利便性が一層向上した。ICカード乗車券の共通化・相互利用の促進については，2013（平成25）年3月から，JR5社と首都圏，名古屋圏，関西圏および九州圏のおもな民鉄などがそれぞれ発行する合計10種類のICカード乗車券の相互利用が開始され，一枚のカードでの利用範囲が拡大した。

さらにIC（カード）と携帯端末を一体化することにより，携帯端末の通信機能を用いて，駅の窓口や券売機まで足を運ばなくても，運賃の積み増し，定期券の購入，指定券の予約が可能となるなど，幅広いサービスの可能性がある。携帯端末型IC乗車券については，JR東日本と携帯電話事業者で，「Suica」のICチップを携帯電話に搭載した「モバイルSuica」が実用化されている。

今後，鉄道分野だけでなく，物販・通信・レジャー・金融など利用者の多様なニーズに応じた柔軟なサービスが提供されていくことが期待されている。

10.2.2　MaaS

公共交通へのICTの導入に伴い，各交通事業者においては，利用者の乗降・予約・決済データ等の数多くのデータが常時生成され，利用されるようになった。ICTを活用して交通にかかわるデータを共有し，公共交通か否か，またその運営主体にかかわらずマイカー以外のすべての交通手段によるモビリティ（移動）を一つのサービスとして捉え，シームレスにつなぐ新たな「移動」の概念として，**MaaS**（mobility as a service）がある[6)]。MaaSはモビリティという機能をサービスとして提供する仕組みであり，移動という目的に必要な資源を必要な分だけ利用できるサービスとして捉えることができる。MaaSは物理的な移動手段とデータの統合化によるサービスのため，複数の交通手段間のデータとサービスの統合の程度により多くのサービス形態の提供が考えられる。

MaaSではデータの統合化の度合いにより提供されるサービスが異なる。MaaSの統合化については，つぎの四つの段階が提案されている[7)]。

レベル 1：情報の統合（複数モードの交通提案，価格情報）

レベル 2：予約，決済の統合（1 トリップの検索，予約，支払）

レベル 3：サービス提供の統合（公共交通に加えてレンタカーなども統合）

レベル 4：政策の統合（データ分析による政策）

2020（令和 2）年 3 月には，MaaS に取り組む関係者間のデータ連携を促進するため，データ連携にあたり留意すべき事項を取りまとめた「MaaS 関連データの連携に関するガイドライン」（2020 年 3 月国土交通省総合政策局）が策定されている[8)]。また 2020（令和 2）年 6 月に公布された「持続可能な運送サービスの提供の確保に資する取組を推進するための地域公共交通の活性化及び再生に関する法律等の一部を改正する法律」では，既存の公共交通サービスの改善を徹底するため，MaaS に参加する複数の交通事業者の運賃設定にかかる手続きのワンストップ化，MaaS 協議会制度が創設されている。

10.3 自動運転の展開[1)]

近年の自動運転技術の向上に伴い，わが国でも多くの自動運転実証実験が行われるようになった。2015（平成 27）年に開始された内閣府による省庁横断型戦略的イノベーション創造プログラム（SIP）において自動走行技術が取り上げられたことにより，産官学連携の技術開発が進んでいる。

自動運転には，その程度に応じてレベル分けがなされている。**表 10.1** に示すように，自動運転レベル 0 ～ 2 では安全運転にかかわる監視・対応主体は運転者側，レベル 3 ～ 5 ではシステム側と，レベルにより対応主体（責任）が異なっている。2020 年現在，一般市場で購入される自動運転はレベル 2 であり，完全自動運転のレベル 5 の実現は制度整備も含めてまだ先とされている。

自動運転システムは，一般的に人間による運転よりもより安全かつ円滑な運転が期待されるものであり，その結果，交通事故の削減，交通渋滞の緩和，環境負荷の軽減など，従来の道路交通社会の抱える課題の解決に大きく資すると考えられる。「官民 ITS 構想・ロードマップ 2020」[2)] では，2030 年に向けた重

表 10.1　自動運転レベルの定義[9]

レベル	概要	安全運転にかかわる監視，対応主体
運転者が一部またはすべての動的運転タスクを実行		
レベル0 運転自動化なし	・運転者がすべての動的運転タスクを実行	運転者
レベル1 運転支援	・システムが縦方向または横方向のいずれかの車両運動制御のサブタスクを限定領域において実行	運転者
レベル2 部分運転自動化	・システムが縦方向および横方向両方の車両運動制御のサブタスクを限定領域において実行	運転者
自動運転システムが（作動時は）すべての動的運転タスクを実行		
レベル3 条件付運転自動化	・システムがすべての動的運転タスクを限定領域において実行 ・作動継続が困難な場合は，システムの介入要求等に適切に応答	システム （作動継続が困難な場合は運転者）
レベル4 高度運転自動化	・システムがすべての動的運転タスクおよび作動継続が困難な場合への応答を限定領域において実行	システム
レベル5 完全運転自動化	・システムがすべての動的運転タスクおよび作動継続が困難な場合への応答を無制限に（すなわち，限定領域内ではない）実行	システム

要目標達成指標として，自動運転システムの今後の普及を見据えつつ，社会的な指標として「交通事故の削減」，「交通渋滞の緩和」，「物流交通の効率化」，「高齢者等の移動支援」，また産業的な指標として「自動運転システムの普及」，「車両生産・輸出」，「インフラの海外展開」のそれぞれの観点から関係する指標を検討するとされている。

10.4　ITSの今後の展開[2]

2020（令和2）年7月，高度情報通信ネットワーク社会推進戦略本部・官民データ活用推進戦略会議により「官民ITS構想・ロードマップ2020」が策定された（**図10.2**参照）。そのなかでは現在のわが国における少子高齢化や都市部への人口集中をはじめとした社会構造の変化を背景に将来に向けて解決すべ

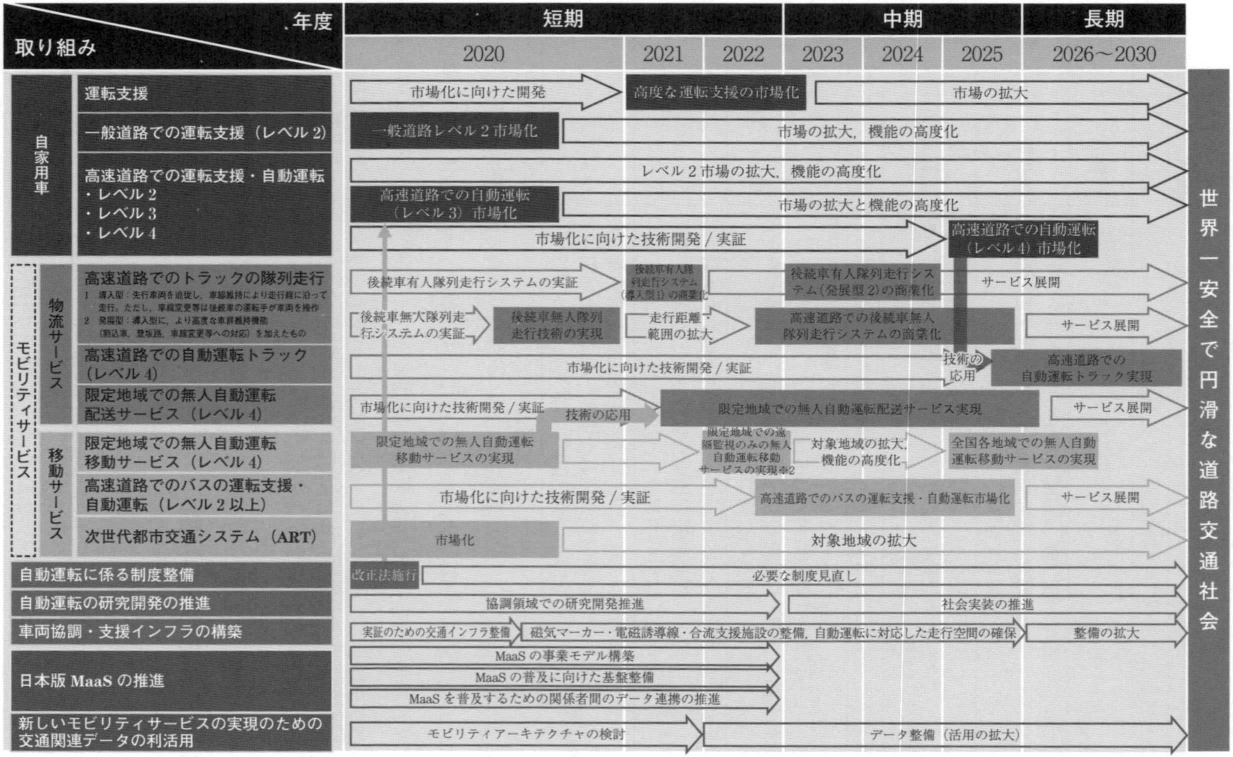

※1 民間企業による市場化が可能となるよう，政府が目指すべき努力目標の時期として設定

※2 無人自動運転移動サービスの実現時期は，実際の走行環境における天候や交通量の多寡など様々な条件によって異なるものであり，実現に向けた環境整備については，今後の技術開発等を踏まえて，各省庁において適切な時期や在り方について検討し，実施する。

図 10.2 官民 ITS 構想ロードマップ 2020[2)]

き社会課題および経済的価値の創出のための課題として，①移動の自由の確保，②地域活性化，③交通事故削減，④移動の効率化，⑤環境負荷低減，⑥人材不足解消，⑦生活利便性向上，⑧産業競争力の強化の八つの課題が示されている。

これら課題は日本全国共通の課題もある一方で，地域によって深刻度合いや原因・要因が異なる課題も存在する。日本の自治体は，大規模都市に多くの人口が集中する一方，自治体数の約7割は人口5万人以下の市町村である。また，人口が5万～100万人の中規模都市においても公共交通の普及度合いは異なっており，自家用車による移動が中心の都市部と，公共交通が普及している都市部に分けることができる。各地域が目指す将来像を実現するためには，地域の将来課題やモビリティニーズに対応して，IoTやAIなどの新たな情報通信技術やシステムを駆使しながら新しいモビリティサービスを創出し，活用していくことが必要である。

人の移動については，例えばMaaSはおもに都市部において混雑緩和やシームレスな移動を可能とし，移動の効率化向上に貢献する。また異業種の事業者と連携し，移動手段も含めてサービスを提供する目的地連携型の移動サービスは，地域の移動の足の持続可能性を高めることに貢献する。利用者のニーズに応じた予約システムなどを活用して柔軟な運行を行うデマンドバス等のシステムの推進は地方部の公共交通の維持につながるほか，都市部での効率的な移動サービスの提供にも貢献する。物流については，貨客混載，共同輸送，バトン輸送等によって輸送が効率化するほか，ドローン，自動走行ロボットといった新規モビリティの開発・社会実装の推進によって配送の効率化や生活利便性の向上が期待できる。

演　習　問　題

〔**10.1**〕 ITS（高度道路交通システム）の目的を述べよ。

〔**10.2**〕 つぎの用語を説明せよ。

VICS,　ETC,　MaaS

引用・参考文献

以下に示す Web ページのアドレスは基本的に 2020 年 10 月現在のものである。

1 章

1） 国土交通省編：平成 21 年度国土交通白書

2） 国土審議会計画推進部会国土の長期展望専門委員会（第 8 回）配付資料（2020 年 9 月 1 日）
https://www.mlit.go.jp/policy/shingikai/kokudo03_sg_000209.html

3） 国土交通省編：令和元年度国土交通白書

4） 国土交通省関東地方整備局：第 6 回東京都市圏パーソントリップ調査の集計結果概要について（2019 年 11 月 27 日記者発表資料）

5） 国土交通省：第 6 回（2015 年）全国幹線旅客純流動調査パンフレット

2 章

1） 日本交通学会編：交通経済ハンドブック，白桃書房（2011）

2） 川上征雄：国土計画の変遷 ― 効率と衡平の計画思想，鹿島出版会（2008）

3） 河上省吾編：土木計画学，鹿島出版会（1991）

4） 国土交通省：全国総合開発計画（概要）の比較
https://www.mlit.go.jp/common/001116820.pdf

5） 土木計画学研究委員会編：交通社会資本制度 ― 仕組と課題，土木学会（2010）

6） 国土交通省：国土形成計画（広域地方計画）
https://www.mlit.go.jp/kokudoseisaku/kokudokeikaku_tk5_000029.html

7） 国土交通省：社会資本整備重点計画について
https://www.mlit.go.jp/sogoseisaku/point/sosei_point_tk_000003.html

8） 国土交通省：交通政策基本法に基づく政策展開
https://www.mlit.go.jp/sogoseisaku/transport_policy/index.html

9） 国土交通省：政策評価
https://www.mlit.go.jp/seisakutokatsu/hyouka/index.html

※　わが国の国土政策に関する審議会などの検討状況や過去の資料については，国土交通省ホームページ内の「国土政策のページ」に掲載されている。
https://www.kokudokeikaku.go.jp

3章

1) 総務省統計局：統計制度
https://www.soumu.go.jp/toukei_toukatsu/index/
2) 日本交通学会編：交通経済ハンドブック，白桃書房（2011）
3) 交通工学研究会編：交通工学ハンドブック 2008
4) 国土交通省：パーソントリップ調査
https://www.mlit.go.jp/toshi/tosiko/toshi_tosiko_tk_000031.html
5) 東京都市圏交通計画協議会：東京都市圏パーソントリップ調査 PT データ利用の手引き（2011）
https://www.tokyo-pt.jp/data/file/tebiki.pdf
6) 国土交通省：平成 27 年度 全国道路・街路交通情勢調査 自動車起終点調査（OD 調査）の概要について
https://www.mlit.go.jp/report/press/road01_hh_000966.html
7) 国土交通省：平成 27 年度 全国道路・街路交通情勢調査 一般交通量調査結果の概要について
https://www.mlit.go.jp/report/press/road01_hh_000848.html
8) 国土交通省：大都市交通センサス
https://www.mlit.go.jp/sogoseisaku/transport/sosei_transport_tk_000007.html
9) 総務省統計局：平成 22 年国勢調査
https://www.stat.go.jp/data/kokusei/2010/index.htm
10) 国土交通省：全国幹線旅客純流動調査
https://www.mlit.go.jp/sogoseisaku/soukou/sogoseisaku_soukou_fr_000016.html
11) 東京都市圏交通計画協議会：物資流動調査とは
https://www.tokyo-pt.jp/pd/index.html
12) 国土交通省：全国貨物純流動調査（物流センサス）
https://www.mlit.go.jp/sogoseisaku/transport/butsuryu06100.html
13) 国土交通省：交通関係統計等資料
https://www.mlit.go.jp/k-toukei
14) 国土交通省都市局都市計画課都市計画調査室：総合都市交通体系調査におけるビッグデータ活用の手引き（第 1 版）（2018）

※ 本章で紹介した統計調査の詳しい内容は，つぎの文献で学ぶことができる。

- 交通工学研究会編：交通工学ハンドブック 2008
- 日本交通学会編：交通経済ハンドブック，白桃書房（2011）

※ 実際の統計データは，国土交通省や総務省のホームページで閲覧，ダウンロードすることができる。

- 国土交通省：統計情報
  https://www.mlit.go.jp/statistics/details/index.html
- 総務省：統計データ
  https://www.stat.go.jp/data/index.htm

また，政府統計のポータルサイトとして，「政府統計の総合窓口（e-Stat）」が開設されている。

https://www.e-stat.go.jp/SG1/estat/eStatTopPortal.do

4章

1） 交通工学研究会編：やさしい非集計分析（1993）
2） 山内弘隆，竹内健蔵：交通経済学，有斐閣（2002）
3） 交通政策審議会陸上交通分科会鉄道部会東京圏における今後の都市鉄道のあり方に関する小委員会需要評価・分析・推計手法ワーキング・グループ：鉄道需要分析手法に関するテクニカルレポート（2016）
https://www.mlit.go.jp/common/001138608.pdf
4） 土木計画学研究委員会編：道路交通需要予測の理論と適用 第Ⅰ編 ― 利用者均衡配分の適用に向けて，土木学会（2003）

なお，本章の執筆にあたっては，全体を通して以下の文献を参考にしている。

- 交通工学研究会編：やさしい非集計分析（1993）
- 土木計画学研究委員会編：非集計行動モデルの理論と実際，土木学会（1996）
- 土木計画学研究委員会編：交通ネットワークの均衡分析 ― 最新の理論と解法，土木学会（1998）
- 土木計画学研究委員会編：道路交通需要予測の理論と適用 第Ⅰ編 ― 利用者均衡配分の適用に向けて，土木学会（2003）
- 土木計画学研究委員会編：道路交通需要予測の理論と適用 第Ⅱ編 ― 利用者均衡配分モデルの展開，土木学会（2006）
- 森杉壽芳，宮城俊彦編：都市交通プロジェクトの評価 ― 例題と演習，コロナ社（1996）
- 新谷洋二編：都市交通計画 第2版，技報堂出版（2003）
- 飯田恭敬監修，北村隆一編著：交通工学，オーム社（2008）
- 久保田尚，高橋勝美，大口　敬：読んで学ぶ交通工学・交通計画，共立出版（2010）

※　より深く学ぶための参考書として，つぎの文献が挙げられる。

【交通需要予測全般について】

- 飯田恭敬監修，北村隆一編著：交通工学，オーム社（2008）

【非集計行動モデルについて】
- 交通工学研究会編：やさしい非集計分析（1993）
- 土木計画学研究委員会編：非集計行動モデルの理論と実際，土木学会（1996）

【利用者均衡配分法について】
- 土木計画学研究委員会編：交通ネットワークの均衡分析 ― 最新の理論と解法，土木学会（1998）
- 土木計画学研究委員会編：道路交通需要予測の理論と適用 第Ⅰ編 ― 利用者均衡配分の適用に向けて，土木学会（2003）
- 土木計画学研究委員会編：道路交通需要予測の理論と適用 第Ⅱ編 ― 利用者均衡配分モデルの展開，土木学会（2006）

5章

1）日本道路協会編：道路構造令の解説と運用 改訂版（2004）
2）土木計画学研究委員会編：交通社会資本制度 ― 仕組と課題，土木学会（2010）
3）国土交通省道路局：道路行政の簡単解説
https://www.mlit.go.jp/road/sisaku/dorogyousei/index.html
4）交通工学研究会編：交通工学ハンドブック 2008
5）日本都市計画学会編：実務者のための新 都市計画マニュアルⅡ（2003）
6）長崎県土木部：都市計画道路の現状と課題（2006）
https://www.pref.nagasaki.jp/shared/uploads/2013/06/1372158140.pdf
7）調布市都市整備部街づくり推進課：調布のみちづくり（パンフレット）
https://www.city.chofu.tokyo.jp/www/contents/1272422611482/files/michidukuri.pdf
8）山梨県：道路工事設計マニュアル 道路編Ⅰ（第2章 道路設計一般）
https://www.pref.yamanashi.jp/douroseibi/sekkeimanyuaru.html
9）日本道路協会編：道路の交通容量（1984）
10）全国連続立体交差事業促進協議会：踏切すいすい大作戦
http://www.renritsukyo.com/02FumikiriSuisui/overpass_01.html（2012 年 10 月現在）
11）国土交通省：「踏切安全通行カルテ」の公表について（2016）
https://www.mlit.go.jp/common/001135187.pdf
12）国土交通省都市・地域整備局街路交通施設課：踏切問題解消に向けた取り組み，都市と交通，通算 78 号（2009）
13）国土交通省都市局街路交通施設課：社会資本整備総合交付金による連続立体交差事業の推進について，都市と交通，通算 86 号（2011）

6章

1） 財団法人 運輸政策研究機構：活力ある暮らしを支える鉄道を目指して ― 第3回鉄道整備等基礎調査報告シンポジウム（2005）
2） 土木計画学研究委員会編：交通社会資本制度 ― 仕組と課題，土木学会（2010）
3） 鉄道の百科事典編集委員会編：鉄道の百科事典，丸善（2012）
4） 国土交通省：都市鉄道整備のあり方 ― 新たな社会的ニーズへの対応（2004）
https://www.mlit.go.jp/common/000043147.pdf
（政策レビュー全般 https://www.mlit.go.jp/seisakutokatsu/hyouka/seisakutokatsu_hyouka_fr_000008.html）
5） 鉄道・運輸機構：鉄道助成ガイドブック 令和2年度版（2020）
https://www.jrtt.go.jp/02Business/Aid/aid-bookGuide.html
6） 国土交通省：三大都市圏の主要区間の平均混雑率推移（2019）
https://www.mlit.go.jp/report/press/content/001364123.pdf
7） 国土交通省：東京圏における今後の都市鉄道のあり方について
https://www.mlit.go.jp/policy/shingikai/tetsudo01_sg_000261.html
8） 国土交通省都市・地域整備局：まちづくりと一体となったLRT導入計画ガイダンス（2005）
https://www.mlit.go.jp/crd/tosiko/guidance/index.html
9） 公益社団法人日本交通計画協会：都市と交通，通算104号（2016）
10） 国土交通省編：令和2年度交通政策白書
11） 公益社団法人日本バス協会
https://www.bus.or.jp/
12） 国土交通省自動車交通局：バス産業勉強会報告書 ― バス産業の向かうべき方向性（2009）
https://www.mlit.go.jp/common/000162028.pdf
（バス産業勉強会：http://www.mlit.go.jp/jidosha/jidosha_tk3_000020.html）
13） 土木計画学研究委員会編：バスサービスハンドブック，土木学会（2006）
14） 国土交通省：地域公共交通の活性化及び再生に関する法律について
https://www.mlit.go.jp/sogoseisaku/transport/sosei_transport_tk_000055.html
15） 国土交通省：地域公共交通の活性化・再生への取組みのあり方 報告書（2008）
https://www.mlit.go.jp/sogoseisaku/transport/sosei_transport_tk_000002.html
16） 令和元年度 第4回（第18回）交通政策審議会交通体系分科会地域公共交通部会配付資料（2019）
https://www.mlit.go.jp/policy/shingikai/content/001317719.pdf
17） 日本交通計画協会編，駅前広場計画指針（1998）

18) 交通工学研究会編：交通工学ハンドブック 2008

7章

1) 財団法人 国土技術研究センター：連携重視のネットワーク型交通体系 — 道路公共交通の活用
https://www.jice.or.jp/tech/material/detail/14
2) 国土交通省編：平成 27 年度国土交通白書
3) 交通工学研究会編：交通工学ハンドブック 2008
4) 国土交通省：道路関係四公団民営化
https://www.mlit.go.jp/road/4kou-minei/4kou-minei_3.html
5) 国土交通省：全国の新幹線鉄道網の現状
https://www.mlit.go.jp/common/001292353.pdf
6) 土木計画学研究委員会編：交通社会資本制度 — 仕組と課題，土木学会（2010）
7) 国土交通省：中央新幹線の現状
https://www.mlit.go.jp/common/001058064.pdf
8) 国土交通省：航空輸送の現状
https://www.mlit.go.jp/common/001116063.pdf
9) 交通政策審議会航空分科会：第 8 回配付資料（2012）
https://www.mlit.go.jp/policy/shingikai/kouku01_sg_000040.html

8章

1) 交通工学研究会編：交通工学ハンドブック 2008
2) 環境省：環境基準
https://www.env.go.jp/kijun
3) 環境省：大気汚染状況（平成 30 年度）
https://www.env.go.jp/air/osen/index.html
4) 環境省編：令和 2 年版環境白書・循環型社会白書・生物多様性白書
5) 国土交通省編：平成 22 年度 国土交通白書
6) 環境省：2018 年度の温室効果ガス排出量（確報値）
https://www.env.go.jp/earth/ondanka/ghg-mrv/emissions/
7) 環境省：京都議定書目標達成計画の進捗状況
https://www.env.go.jp/press/upload/24788.pdf
8) 環境省：地球温暖化対策計画（平成 28 年 5 月 13 日閣議決定）
https://www.env.go.jp/press/files/jp/102816.pdf

9）首相官邸（持続可能な開発目標（SDGs）推進本部）：
https://www.kantei.go.jp/jp/singi/sdgs/
10）国土交通省：環境行動計画（平成 29 年 3 月 1 部改定）
https://www.mlit.go.jp/sogoseisaku/environment/sosei_environment_fr_000101.html
11）国土交通省：気候変動適応計画（平成 27 年 11 月）
https://www.mlit.go.jp/sogoseisaku/environment/sosei_environment_fr_000130.html
12）環境省総合環境政策局：環境アセスメント制度のあらまし（2012）
https://www.env.go.jp/policy/assess/1-3outline/img/panph_j.pdf
13）環境影響評価法に基づく基本的事項等に関する技術検討委員会 第 1 回資料（環境影響評価の概要）
https://www.env.go.jp/policy/assess/5-4basic/basic_h23_1.html#shidai
14）環境省：環境アセスメントガイド
https://www.env.go.jp/policy/assess/1-1guide/1-5.html
15）環境省総合環境政策局環境影響評価課：戦略的環境アセスメント（SEA）導入ガイドラインのあらまし（2007）
https://www.env.go.jp/policy/assess/1-3outline/sea_panph.html
16）環境省：環境影響評価法の一部を改正する法律案の閣議決定について
https://www.env.go.jp/press/12295.html
17）東京都環境局：
https://www.kankyo.metro.tokyo.jp/vehicle/management/tdm/index.html

9章

1）内閣府：令和 2 年版交通安全白書（PDF 版）
2）内閣府中央交通安全対策会議：第 10 次交通安全基本計画（2016）
https://www8.cao.go.jp/koutu/kihon/keikaku10/pdf/kihon_keikaku.pdf
3）内閣府：交通事故の被害・損失の経済的分析に関する調査報告書（2012）
https://www8.cao.go.jp/koutu/chou-ken/h23/houkoku.html
4）国土交通省：運輸安全
https://www.mlit.go.jp/unyuanzen/
5）国土交通省：令和 2 年度第 1 回自転車の活用推進に向けた有識者会議 配布資料
https://www.mlit.go.jp/road/ir/ir-council/bicycle-up/giji06.html
6）警察庁：良好な自転車交通秩序の実現のための総合対策の推進について

https://www.npa.go.jp/koutsuu/kikaku/bicycle/taisaku/gaiyou.pdf

7) 国土交通省，警察庁：安全で快適な自転車利用環境創出ガイドライン（2016）

8) 国土交通省総合政策局安心生活政策課：バリアフリー基本構想作成に関するガイドブック（2008）
https://www.mlit.go.jp/barrierfree/transport-bf/basicplan/guidebook.pdf

9) 国土交通省：高齢者，障害者等の移動等の円滑化の促進に関する法律（バリアフリー法）
https://www.mlit.go.jp/barrierfree/transport-bf/shinpou/outline.pdf

10) 国土交通省編：令和2年度 国土交通白書
https://www.mlit.go.jp/road/ir/ir-council/cyclists/doc.html

10章

1) 特定非営利活動法人 ITS Japan：
https://www.its-jp.org/about/

2) 高度情報通信ネットワーク社会推進戦略本部・官民データ活用推進戦略会議：官民 ITS 構想・ロードマップ（2020）
https://www.kantei.go.jp/jp/singi/it2/kettei/pdf/20200715/2020_roadmap.pdf

3) 土木計画学研究委員会編：交通社会資本制度－仕組と課題，土木学会（2010）

4) 一般財団法人 ITS サービス高度化機構：令和元年版（2019年）ETC 便覧
https://www.its-tea.or.jp/library/pdf/r01_ETC_binran_web.pdf

5) 国土交通省：鉄道における交通系 IC カードの導入状況について＜平成25年3月末現在＞
https://www.mlit.go.jp/tetudo/tetudo_tk6_000015.html

6) 露木伸宏：MaaS（モビリティ・アズ・ア・サービス）について，国土交通政策研究所報第69号，pp.2-7（2018）

7) Jana Sochor et.al：A Topological Approach to Mobiity as a Service, ICoMaaS 2017 Proceedings pp.187-201（2017）

8) 国土交通省総合政策局：MaaS 関連データの連携に関するガイドライン（2020）

9) 内閣官房 IT 総合戦略本部：官民 ITS 構想・ロードマップ（2018）
https://www.kantei.go.jp/jp/singi/it2/kettei/pdf/20180615/siryou9.pdf

演習問題解答

1章

〔1.1〕 人口減少，高齢化の進展，低成長（詳しくは1.1節を参照のこと）。

〔1.2〕 旅客輸送構造：輸送人数，輸送人キロとも乗用車が最も多く，次いで鉄道である。航空は輸送人数ベースでは少ないものの，輸送人キロベースではバスと並ぶ水準。

貨物輸送構造：トン数ベースでは自動車が大半を占めており，トンキロベースでは内航海運の分担率が高くなる。

〔1.3〕 300 km 未満の近距離帯では乗用車が，300 km から 700 km の中距離帯では鉄道が，700 km 以上の長距離帯では航空がおもに利用されている。

2章

〔2.1〕 構想 — 基本計画 — 整備計画 — 実施計画

〔2.2〕 開発中心からの転換，地方が計画づくりに強く関与。

〔2.3〕 計画策定の重点を従来の「事業量」から「達成される成果」に変更，国民から見た成果目標（アウトカム目標）を明示。

3章

〔3.1〕 基幹統計調査：行政機関が整備する統計の中でも特に重要な基幹統計を作成するための調査。

一般統計調査：その他の統計調査。

〔3.2〕（1） ある目的を持って起点から終点へ移動する際の単位。

（2） 空欄の数字は順に，1，3

〔3.3〕 パーソントリップ調査：おもに人口30万人以上の都市圏を対象に，1日の人の移動を把握する調査。

道路交通センサス：全国の道路や交通の状況，自動車の利用状況を把握するための調査。

大都市交通センサス：三大都市圏の大量公共交通機関（鉄道・バス）の利用実態を把握する調査。

4章

〔4.1〕 発生・集中交通量の推計（原単位法，回帰モデル等）→分布交通量の推計（現在パターン法，重力モデル等）→分担交通量の推計（非集計行動モデル（ロジットモデル等））→配分交通量の推計（分割配分法，利用者均衡配分法）

〔4.2〕 $P_{鉄道}=\exp(V_{鉄道})/\{\exp(V_{鉄道})+\exp(V_{バス})+\exp(V_{自動車})\}$

$=\exp(-0.4)/\{\exp(-0.4)+\exp(-1.0)+\exp(0.2)\}=0.297$

これより鉄道のトリップ数は

500×0.297＝149 人

〔4.3〕 分割配分法は，OD 表を複数に分割し，そのつど最短経路に配分する手法であり，均衡条件を近似的に満足する解が得られる。これに対して利用者均衡配分法は，数理計画法を用いることで，均衡条件を厳密に満たす解を得ることができる手法である。

5章

〔5.1〕 交通機能：トラフィック（通行），アクセス（出入り）

空間機能：市街地形成，防災空間（延焼防止，避難），環境空間（緑化，通風），収容空間（ライフライン）

〔5.2〕 高速自動車国道，一般国道，都道府県道，市町村道

〔5.3〕 すべての道路利用者（自動車，歩行者，自転車等）にとっての必要性，道路の持つ多様な役割と機能（交通機能，空間機能），将来の状況変化への対応などを十分考慮する必要がある。

〔5.4〕 基本交通容量：理想的な条件を仮定した場合の道路の交通容量。

可能交通容量：現実の道路条件による補正を行った容量。

設計交通容量：道路が提供するサービス水準を考慮した容量。

〔5.5〕 道路構造令：道路を新設または改築する場合における道路の構造の一般的技術的基準を定めた政令。

設計速度：天候が良好でかつ交通密度が低く，車両の走行条件が道路の構造的な条件のみに支配されている場合に，平均的な運転者が安全にしかも快適性を失わずに走行できる速度。

30 番目時間交通量：1 年間（8 760 時間）の時間交通量を大きい順に並べた年交通量順位図における 30 番目の交通量で，設計時間交通量として用いられる。30 番目としている理由は，年交通量順位図における曲線が 30 番目交通量付近でゆるやかな傾

きに変化することから，円滑性と経済性に折り合いをつける上で望ましいと考えられるためである。

6章

〔**6.1**〕 大量性，高速性，安定性，安全性，他の輸送機関に比べて省エネルギーで CO_2 の排出が少ない。

〔**6.2**〕 利用者の利便性確保を基本に，バス事業者の視点からは採算性が，自治体の視点からは交通不便地域の解消など公平性が重視される。

〔**6.3**〕 人口減少や自動車への過度な依存など厳しい環境下にある地域公共交通について，市町村を中心とした地域関係者の連携による取り組みを国が総合的に支援するとともに，地域のニーズに適した新たな形態の旅客輸送サービスの導入円滑化を図ること。

〔**6.4**〕 交通結節機能：交通の結節点として各種交通を処理。
都市の広場機能：市街地拠点機能，交流機能，景観機能，サービス機能，防災機能。

7章

〔**7.1**〕 全国1日交通圏：全国主要都市間で日帰り可能な交通圏。具体的な指標として，全国の主要都市間の移動時間をおおむね3時間以内，地方都市からの複数の高速交通機関へのアクセス時間をおおむね1時間以内が掲げられている。

高規格幹線道路：わが国において最も広域的かつ根幹的な幹線道路であり，高速自動車国道と一般国道の自動車専用道路で構成される。第四次全国総合開発計画において，全長約14 000 kmのネットワーク計画が位置づけられた。

地域高規格道路：高規格幹線道路を補完し，地域間および地域内のネットワークを強化する道路。

〔**7.2**〕 ① 拠点となる都市間の連絡，② 三大都市圏の環状軸の形成，③ 他の交通モードとの連結，④ 国土のリダンダンシー（迂回路などの代替手段）の確保，⑤ 全国の都市・農村地区から高規格幹線道路への1時間アクセス，⑥ 既定区間の混雑解消

〔**7.3**〕 建設線を定める基本計画の決定を行い，営業主体・建設主体の指名，建設線の建設に関する整備計画の決定，建設の指示を行う。建設を指示された建設主体は，工事実施計画を作成し，国土交通大臣の認可を受け，その後工事の着工，完成となる。

8章

〔**8.1**〕 一酸化炭素（CO），炭化水素（HC），鉛化合物（Pb），窒素酸化物（NO_x），粒子状物質（PM）

〔**8.2**〕 規模が大きく環境に大きな影響を及ぼす恐れのある事業について環境アセスメントの手続きを定め，環境アセスメントの結果を事業内容に関する決定に反映させることにより，事業が環境の保全に十分に配慮して行われるようにすること。

〔**8.3**〕 道路，ダム，鉄道，空港，発電所などの13種類の事業（免許等が必要な事業，補助金が交付される事業，独立行政法人が行う事業，国が行う事業）。

〔**8.4**〕 スクリーニング：環境アセスメントの対象事業か否かを振り分ける手続き。

スコーピング：評価の枠組みを決める方法書を確定させるための手続き。

9章

〔**9.1**〕 交通事故件数，死者数，死傷者数ともに減少傾向にある。しかし，65歳以上の高齢者の死者数が2019年で全体の55.4％を占めている。これは歩行中および自動車乗車中，自転車乗車中の交通事故が多いことが要因である。

〔**9.2**〕 金銭的損失として，医療費，慰謝料，逸失利益等の人的損失，車両・構築物の修理費等の物的損失，交通事故に係る救急搬送費用，警察の事故処理費用，裁判費用，保険運営費用，渋滞の損失など。非金銭的損失として，交通事故による痛み，苦しみ，生活の喜びを享受できなくなることなど。

〔**9.3**〕 高齢者や障害者，妊産婦，けが人などの移動や施設利用の利便性，安全性の向上を促進すること。具体的には，公共交通機関，建築物，都市公園，路外駐車場，歩行空間の新設・改良時における移動等円滑化基準への適合義務を課すこと，基本構想制度を活用して，駅を中心とした地区や，高齢者，障害者などの利用施設が集まった地区において，重点的かつ一体的なバリアフリー化を推進することなど。

10章

〔**10.1**〕 最先端のICT（情報通信技術）を活用して，人と道路と車両を一体のシステムとして構築することで，交通事故や渋滞，環境・エネルギーなど，さまざまな問題の解決を図る。

〔**10.2**〕 VICS：渋滞状況，所要時間，交通規制などに関する道路交通情報を，道路上に設置したビーコンやFM多重放送によりカーナビゲーションシステムなどの車載器にリアルタイムに提供するシステム。

ETC：車両に設置されたETC車載器にETCカード（ICカード）を挿入し，有料道路の料金所に設置された路側アンテナとの間の無線通信により，車両を停止することなく通行料金を支払うシステム。

MaaS：mobility as a serviceの略で，ICTを活用して交通をクラウド化し，公共交通か否か，またその運営主体にかかわらず，マイカー以外のすべての交通手段によるモビリティ（移動）を1つのサービスとしてとらえ，シームレスにつなぐ新たな「移動」の概念である。多様な移動手段（公共交通機関，タクシー，カーシェアリングサービス，レンタルバイクなど）をオンデマンドで組み合わせた目的地までの移動手段をワンストップ決済で提供するサービスを意味することが多い。

索　　引

——著者略歴——

金子　雄一郎（かねこ　ゆういちろう）

1996年　日本大学理工学部交通土木工学科卒業
1998年　日本大学大学院理工学研究科博士前期課程修了
　　　　（交通土木工学専攻）
2001年　日本大学大学院理工学研究科博士後期課程修了
　　　　（交通土木工学専攻），博士（工学）
2001年　財団法人運輸政策研究機構運輸政策研究所研究員
2004年　同機構調査室調査役
2006年　日本大学専任講師
2010年　日本大学准教授
2016年　日本大学教授
　　　　現在に至る

有村　幹治（ありむら　みきはる）

1995年　室蘭工業大学工学部建設システム工学科卒業
1997年　室蘭工業大学大学院工学研究科博士前期課程修了
　　　　（建設システム工学専攻）
2000年　室蘭工業大学大学院工学研究科博士後期課程修了
　　　　（建設工学専攻），博士（工学）
2000年　財団法人運輸政策研究機構運輸政策研究所研究員
2010年　室蘭工業大学助教
2013年　室蘭工業大学准教授
2021年　室蘭工業大学教授
　　　　現在に至る

石坂　哲宏（いしざか　てつひろ）

2002年　日本大学理工学部交通土木工学科卒業
2004年　日本大学大学院理工学研究科博士前期課程修了
　　　　（社会交通工学専攻）
2007年　日本大学大学院理工学研究科博士後期課程修了
　　　　（社会交通工学専攻），博士（工学）
2007年　日本大学助手
2009年　日本大学助教
2014年　日本大学准教授
　　　　現在に至る

改訂 交通計画学
Transport Planning（Revised Edition）
© Yuichiro Kaneko, Mikiharu Arimura, Tetsuhiro Ishizaka 2012, 2021

2012 年 11 月 9 日　初　版第 1 刷発行
2019 年 4 月 15 日　初　版第 5 刷発行
2021 年 4 月 5 日　改訂版第 1 刷発行
2022 年 1 月 25 日　改訂版第 2 刷発行

検印省略

著　者　金子　雄一郎
　　　　有村　幹治
　　　　石坂　哲宏
発行者　株式会社　コロナ社
　　　　代表者　牛来真也
印刷所　新日本印刷株式会社
製本所　有限会社　愛千製本所

112-0011　東京都文京区千石 4-46-10
発行所　株式会社　**コロナ社**
CORONA PUBLISHING CO., LTD.
Tokyo Japan
振替 00140-8-14844・電話(03)3941-3131(代)
ホームページ　https://www.coronasha.co.jp

ISBN 978-4-339-05642-6　C3351　Printed in Japan　（新井）

JCOPY <出版者著作権管理機構 委託出版物>
本書の無断複製は著作権法上での例外を除き禁じられています。複製される場合は，そのつど事前に，出版者著作権管理機構（電話 03-5244-5088，FAX 03-5244-5089，e-mail: info@jcopy.or.jp）の許諾を得てください。

本書のコピー，スキャン，デジタル化等の無断複製・転載は著作権法上での例外を除き禁じられています。購入者以外の第三者による本書の電子データ化及び電子書籍化は，いかなる場合も認めていません。
落丁・乱丁はお取替えいたします。

土木系 大学講義シリーズ

（各巻A5判，欠番は品切または未発行です）

■編集委員長　伊藤　學

■編 集 委 員　青木徹彦・今井五郎・内山久雄・西谷隆亘
棒沢芳雄・茂庭竹生・山﨑　淳

配本順		著者	頁	本 体
2.（4回）	土木応用数学	北田俊行著	236	2700円
3.（27回）	測量学	内山久雄著	206	2700円
4.（21回）	地盤地質学	今井・福江 足立共著	186	2500円
5.（3回）	構造力学	青木徹彦著	340	3300円
6.（6回）	水理学	鮏川登著	256	2900円
7.（23回）	土質力学	日下部治著	280	3300円
8.（19回）	土木材料学（改訂版）	三浦尚著	224	2800円
13.（7回）	海岸工学	服部昌太郎著	244	2500円
14.（25回）	改訂 上下水道工学	茂庭竹生著	240	2900円
15.（11回）	地盤工学	海野・垂水編著	250	2800円
17.	都市計画（五訂版）	新谷・髙橋 岸井・大沢共著	近刊	
18.（24回）	新版 橋梁工学（増補）	泉・近藤共著	324	3800円
20.（9回）	エネルギー施設工学	狩野・石井共著	164	1800円
21.（15回）	建設マネジメント	馬場敬三著	230	2800円
22.（29回）	応用振動学（改訂版）	山田・米田共著	202	2700円

定価は本体価格+税です。
定価は変更されることがありますのでご了承下さい。

図書目録進呈◆

環境・都市システム系教科書シリーズ

（各巻A5判，欠番は品切です）

■編集委員長　澤　孝平
■幹　　　事　角田　忍
■編 集 委 員　荻野　弘・奥村充司・川合　茂
　　　　　　　嵯峨　晃・西澤辰男

配本順	書名	著者		頁	本体
1.（16回）	シビルエンジニアリングの第一歩	澤　孝平・嵯峨　晃 川合　茂・角田　忍 荻野　弘・奥村充司 西澤辰男	共著	176	2300円
2.（1回）	コンクリート構造	角田　忍 竹村和夫	共著	186	2200円
3.（2回）	土質工学	赤木知之・吉村優治 上　俊二・小堀慈久 伊東　孝	共著	238	2800円
4.（3回）	構造力学Ⅰ	嵯峨　晃・武田八郎 原　隆・勇　秀憲	共著	244	3000円
5.（7回）	構造力学Ⅱ	嵯峨　晃・武田八郎 原　隆・勇　秀憲	共著	192	2300円
6.（4回）	河川工学	川合　茂・和田　清 神田佳一・鈴木正人	共著	208	2500円
7.（5回）	水理学	日下部重幸・檀　和秀 湯城豊勝	共著	200	2600円
8.（6回）	建設材料	中嶋清実・角田　忍 菅原　隆	共著	190	2300円
9.（8回）	海岸工学	平山秀夫・辻本剛三 島田富美男・本田尚正	共著	204	2500円
10.（24回）	施工管理学（改訂版）	友久誠司・竹下治之 江口忠臣	共著	240	2900円
11.（21回）	改訂 測量学Ⅰ	堤　隆	著	224	2800円
12.（22回）	改訂 測量学Ⅱ	岡林　巧・堤　隆 山田貴浩・田中龍児	共著	208	2600円
13.（11回）	景観デザイン ―総合的な空間のデザインをめざして―	市坪　誠・小川総一郎 谷平　考・砂本文彦 溝上裕二	共著	222	2900円
15.（14回）	鋼構造学	原　隆・山口隆司 北原武嗣・和多田康男	共著	224	2800円
16.（15回）	都市計画	平田登基男・亀野辰三 宮腰和弘・武井幸久 内田一平	共著	204	2500円
17.（17回）	環境衛生工学	奥村充司 大久保孝樹	共著	238	3000円
18.（18回）	交通システム工学	大橋健一・柳澤吉保 髙岸節夫・佐々木恵一 日野　智・折田仁典 宮腰和弘・西澤辰男	共著	224	2800円
19.（19回）	建設システム計画	大橋健一・荻野　弘 西澤辰男・柳澤吉保 鈴木正人・伊藤　雅 野田宏治・石内鉄平	共著	240	3000円
20.（20回）	防災工学	渕田邦彦・疋田　誠 檀　和秀・吉村優治 塩野計司	共著	240	3000円
21.（23回）	環境生態工学	宇野宏司 渡部守義	共著	230	2900円

定価は本体価格+税です。
定価は変更されることがありますのでご了承下さい。

図書目録進呈◆

土木・環境系コアテキストシリーズ

（各巻A5判）

■編集委員長　日下部 治

■編 集 委 員　小林 潔司・道奥 康治・山本 和夫・依田 照彦

共通・基礎科目分野

配本順	書名	著者	頁	本体
A-1（第9回）	土木・環境系の力学	斉木 功著	208	2600円
A-2（第10回）	土木・環境系の数学 ―数学の基礎から計算・情報への応用―	堀 宗朗 市村 強 共著	188	2400円
A-3（第13回）	土木・環境系の国際人英語	井合 進 R. Scott Steedman 共著	206	2600円
A-4	土木・環境系の技術者倫理	藤原 章正 木村 定雄 共著		

土木材料・構造工学分野

配本順	書名	著者	頁	本体
B-1（第3回）	構造力学	野村 卓史著	240	3000円
B-2（第19回）	土木材料学	中村 聖三 奥松 俊博 共著	192	2400円
B-3（第7回）	コンクリート構造学	宇治 公隆著	240	3000円
B-4（第21回）	鋼構造学（改訂版）	舘石 和雄著	240	3000円
B-5	構造設計論	佐藤 尚次 香月 智 共著		

地盤工学分野

配本順	書名	著者	頁	本体
C-1	応用地質学	谷 和夫著		
C-2（第6回）	地盤力学	中野 正樹著	192	2400円
C-3（第2回）	地盤工学	髙橋 章浩著	222	2800円
C-4	環境地盤工学	勝見 武 乾 徹 共著		

水工・水理学分野

配本順		書名	著者	頁	本体
D-1	(第11回)	水理学	竹原幸生著	204	2600円
D-2	(第5回)	水文学	風間聡著	176	2200円
D-3	(第18回)	河川工学	竹林洋史著	200	2500円
D-4	(第14回)	沿岸域工学	川﨑浩司著	218	2800円

土木計画学・交通工学分野

配本順		書名	著者	頁	本体
E-1	(第17回)	土木計画学	奥村誠著	204	2600円
E-2	(第20回)	都市・地域計画学	谷下雅義著	236	2700円
E-3	(第22回)	改訂 交通計画学	金子雄一郎 有村幹治 石坂哲宏 共著	236	3000円
E-4		景観工学	川﨑雅史 久保田善明 共著		
E-5	(第16回)	空間情報学	須﨑純一 畑山満則 共著	236	3000円
E-6	(第1回)	プロジェクトマネジメント	大津宏康著	186	2400円
E-7	(第15回)	公共事業評価のための経済学	石倉智樹 横松宗太 共著	238	2900円

環境システム分野

配本順		書名	著者	頁	本体
F-1	(第23回)	水環境工学	長岡裕著	232	3000円
F-2	(第8回)	大気環境工学	川上智規著	188	2400円
F-3		環境生態学	西村修 山田一裕 中野和典 共著		

定価は本体価格+税です。
定価は変更されることがありますのでご了承下さい。

図書目録進呈◆

土木計画学ハンドブック

コロナ社 創立90周年記念出版
土木学会 土木計画学研究委員会 設立50周年記念出版

土木学会 土木計画学ハンドブック編集委員会 編
B5判／822頁／本体25,000円／箱入り上製本／口絵あり

委 員 長：小林潔司
幹　　事：赤羽弘和，多々納裕一，福本潤也，松島格也

可能な限り新進気鋭の研究者が執筆し，各分野の第一人者が主査として編集することにより，いままでの土木計画学の成果とこれからの指針を示す書となるようにしました。

第Ⅰ編の基礎編を読むことにより，土木計画学の礎の部分を理解できるようにし，第Ⅱ編の応用編では，土木計画学に携わるプロフェショナルの方にとっても，問題解決に当たって利用可能な各テーマについて詳説し，近年における土木計画学の研究内容や今後の研究の方向性に関する情報が得られるようにしました。

目　次

定価は本体価格+税です。
定価は変更されることがありますのでご了承下さい。

図書目録進呈◆